修心三不

——不生气 不计较 不抱怨

方士华 编著

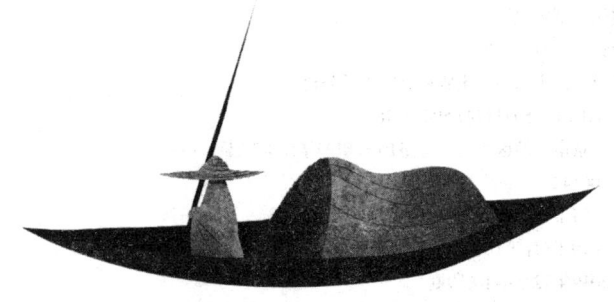

民主与建设出版社
·北京·

© 民主与建设出版社，2019

图书在版编目(CIP) 数据

修心三不：不生气 不计较 不抱怨/方士华编著
. -- 北京：民主与建设出版社，2019.7
ISBN 978-7-5139-2508-2

Ⅰ.①修… Ⅱ.①方… Ⅲ.①情绪—自我控制—通俗读物 Ⅳ.①B842.6-49

中国版本图书馆CIP数据核字(2019)第098584号

修心三不
XIU XIN SAN BU

出版人	李声笑
编　　著	方士华
责任编辑	刘树民
封面设计	三石工作室
出版发行	民主与建设出版社有限责任公司
电　　话	（010）59417747 59419778
社　　址	北京市海淀区西三环中路10号望海楼E座7层
邮　　编	100142
印　　刷	三河市天润建兴印务有限公司
版　　次	2019年7月第1版
印　　次	2019年12月第4次印刷
开　　本	630毫米×910毫米1/16
印　　张	12
字　　数	176千字
书　　号	ISBN 978-7-5139-2508-2
定　　价	59.80元

注：如有印、装质量问题，请与出版社联系。

目 录

第一章 不生气

  第一节 乐观地面对生活 / 002

    不要被生活压力打倒 / 002

    人生不如意事十之八九 / 004

    寻找生命中的快乐 / 008

    有贪心就会有生气 / 012

    生气让你面目可憎 / 015

    生闷气会损伤身体 / 017

    生气时容易毁坏物品 / 020

    生气绝食要不得 / 022

  第二节 生气的源头剖析 / 027

    气量狭窄的人易动怒 / 027

    嫉妒别人易惹气上身 / 030

    误会是产生怒火的根源 / 032

    冲动会使人失去理智 / 035

    切勿死要面子活受罪 / 037

    气大伤身，盛怒伤肝 / 041

    迁怒别人只会惩罚自己 / 044

    盲目比较导致心理失衡 / 047

第三节　理性地调控情绪 / 051

小不忍则乱大谋 / 051

及时宣泄，化解怒火 / 054

想办法转移注意力 / 056

遗忘也能抑制生气 / 058

学会适当释放怒气 / 063

妙用怒气，提升自己 / 066

把生气转化为动力 / 069

平息怒气，学会宽容 / 071

第二章　不计较

第一节　不计较付出多少 / 076

要舍得全身心地付出 / 076

努力工作，不讲回报 / 078

不怕吃亏，"傻"中得益 / 080

主动找分外的事去做 / 083

尝试改进工作的不足 / 086

不要有"打工者"心态 / 088

尽量比别人多做一点 / 090

主动做别人不做的事 / 092

第二节　不计较薪水高低 / 094

工作目的不仅仅是薪水 / 094

不要只为薪水而工作 / 097

机会比薪水更重要 / 099

不要总是抱怨工资少 / 101

先学会付出再考虑收获 / 104

工作经历远比薪水重要 / 106

向前看不要向钱看 / 108

第三节　不计较个人得失 / 112

把工作当成一种使命 / 112

不要事事都去计较 / 115

对生活小事看开一点 / 117

不要和下属斤斤计较 / 119

不要和身边的人计较 / 121

为一点小事计较不值得 / 125

运气不会从天而降 / 126

多付出才会有收获 / 129

千万别做表面文章 / 132

第三章　不抱怨

第一节　抱怨是无能的表现 / 136

抱怨不能解决任何问题 / 136

抱怨是负面情绪的宣泄 / 137

抱怨是逃避现实的工具 / 140

抱怨是一种不良的习惯 / 141

抱怨只会给自己增加痛苦 / 144

抱怨会让你处于尴尬位置 / 145

抱怨只会让你失去宝贵的机会 / 147

抱怨是失败时的借口 / 148

蔑视别人就是轻视自己 / 151

第二节　失败者才会抱怨 / 153

抱怨不能改变人生 / 153

抱怨起不到任何作用 / 155

抱怨让你一无所有 / 157

抱怨让你失去机会 / 161
　　抱怨破坏你的人际关系 / 165
　　抱怨别人是惩罚自己 / 167
　第三节　摒弃抱怨走向成功 / 169
　　忍受不可避免的现实 / 169
　　看淡生活中的不平事 / 171
　　公平的命运靠自己创造 / 173
　　以平和的心态直面人生 / 174
　　与其抱怨，不如行动 / 177
　　及时化解抱怨的压力 / 180
　　唤醒你心中的"巨人" / 182
　　勇敢地接受自己的命运 / 184

第一章
不生气

　　生气,是拿别人的错误惩罚自己。世界上没有爬不过的火焰山。也许老天给了我们太多的磨难,家庭、工作、爱情,但谁又能说谁一辈子不会遇到这些呢?与其用痛苦一遍一遍折磨自己,为何不试着绕开它,去做个聪明的人,做一个善待自己的人呢?

第一节　乐观地面对生活

不要被生活压力打倒

现代社会，随着生活节奏的加快，人的压力越来越大，老人的赡养，工作的安排，家庭的压力，子女的就业，儿女的嫁娶，社会的竞争，人际的交往等等，无不侵扰打搅着我们的生活。无奈、烦躁、忧虑、彷徨，甚至悲伤、绝望。把我们团团围住，也使得我们越来越疲惫。

在工作、家庭双重重担的压力下，我们变得老了许多。我们在不自觉地跟同学、同事的比较之中变得悲观，变得消极，变得不知道如何处理我们的情绪。

其实面对生活中诸多的不如意，我们没必要过多地计较个人的得与失；把心放宽，你就会发现你的生活永远是阳光明媚的春天。

《詹姆斯漂流记》里面的主人公詹姆斯·克罗索，被海浪带到一个荒无人烟的小岛上，度过了漫长的二十六年。

詹姆斯被漂到小岛上的第一天，他列出了两份清单，一份列出自己的不幸以及面对的困难，另一份是列出自己的幸运以及拥有的东西。他在第一份清单上写了"流落荒岛，摆脱困境已属无望"。第二份清单上写船上人员除了我以外全部葬身海底。詹姆斯利用一切，改变了自己的命运，利用枪、陷阱捕捉猎物；自己搭建房子，这些奇迹般的生活让詹姆斯不至于饿死，这些生活的起因都是那两份清单。

詹姆斯的故事是我们从小就了解的故事，从他的身上我们可以提取一些我们可以学习的地方。在日常生活中，面对问题时，可以先列两份清单，写一写自己所拥有的，是否命运真的如此不公；再来想想，凡事向好的方面着想，也就会发现其实我们已经过得很好了，我们已经拥有了很多，我们的生活也已经很幸福了，至少我们不用露宿街头，忍饥挨饿。凡事乐观地去想，就会打开自己的心结，更好地生活下去，心境也就会更加明朗。

凡事向好的方面着想，并不是盲目乐观，而是科学地对待困难和挑战，从挫折和挑战中寻找人生突围的缺口和良机。仔细审视我们周围普通人的生活和成长、成功经历，不难发现，许多人的生活印证了这样一事实：只有扎扎实实生活，正视现实、不甘沉沦、努力向前，任何困难都会被战胜，任何逆境都会过去！

　　有这样一个家长与孩子互动的游戏——"凡事往好处想"的游戏。妈妈问孩子："今天上学发现，口袋的10元不见了，请往好处想……"

　　孩子回答："还好不见的不是100元……"

　　父亲回答："捡到的人一定很高兴……"

　　妈妈问孩子："今天上学后开始下起大雨，请往好处想……"

　　孩子回答："还好舅舅家住的近，可以帮我送伞……"

　　妈妈问孩子："很用功的准备期中考试，结果成绩非常的不理想，请往好处想……"

　　孩子回答："还好不是期末考试……"

　　这个游戏很有趣，凡事往好处想，整个心情就变得不一样了。

　　记得有个故事，一个女孩遗失了一只心爱的手表，一直闷闷不乐，茶不思、饭不想，甚至因此而生病了。

　　神父来探病时问她："如果有一天你不小心掉了十万元钱，你会不会再大意遗失另外二十万呢！"

女孩回答:"当然不会。"

神父又说:"那你为何要让自己在掉了一只手表之后,又丢掉了两个礼拜的快乐!甚至还赔上了两个礼拜的健康呢!"

女孩如大梦初醒般地跳下床来,说:"对!我拒绝继续损失下去,从现在开始我要想办法,再赚回一只手表。"

人生,本来就是有输有赢,更是有挑战性的。输了又何妨,只要真真切切的为自己而活,这才叫做真正的生命。有些人就是因为不肯接受事实重新开始,以致越输越多,终至不可收拾。

凡事都向好的方面着想,是一种积极进取的人生态度。在市场经济竞争日益激烈的形势下,每个人都面临挑战,但更多的是机遇。向好的方面着想,就是弱化挑战、放大机遇,以饱满的精神迎接机遇、把握机遇。

乐观的人处处可见"青草池边处处花""百鸟枝头唱春山";悲观的人时时感到"黄梅时节家家雨""风过芭蕉雨滴残"。

一个心态正常的人可在茫茫的夜空中读出星光灿烂,增强自己对生活的自信;一个心态不正常的人让黑暗埋葬了自己且越葬越深。

因此,无论何时何地身处何境,都要用乐观的态度微笑着对待生活,微笑是乐观击败悲观的有力武器。微笑着,生命才能将不利于自己的局面一点点打开。

守住乐观的心境:"不以物喜,不以己悲";就能看遍天上胜景,览尽人间春色。

人生不如意事十之八九

在生活中我们常常会莫名的上火、不爽甚至于生气,这是为什么呢?很多时候是由于有些人、有些事不符合我们的想法,或者事情向着反面发展而造成消极的影响。但是人生不如意的事情十之八九,岂能事事尽如人意呢。

一首老歌《祝你平安》中唱到:"你的心情现在还好吗?你的脸上还有微

笑吗？人生自古就有许多愁和苦，请你多一些开心少一些烦恼。你的所得还那样少吗？你付出还那样多吗？生活的路总有一些不平事，请你不必太在意，洒脱一些过的好。"

人生路漫漫，总有许多琐事、不平之事让我们为之烦恼，为之生气。但是，俗话说："生气是拿别人的错误惩罚自己"。生气与否在于我们自己的态度，生气与不生气也是一种选择，生气很容易，做到不生气则需要极高的智慧。而生气对于我们的身体是有所损害的，三国当中周瑜就是因为嫉妒而被诸葛亮气死的。

万病从心生，说穿了就是首先从生气开始的。当然，这里的气就是情绪之气，即生气的气。中医里有"怒伤肝"的理论。《素问·阴阳应象大论》说："暴怒伤阴，暴喜伤阳，厥气上逆，脉满去形，喜怒不节，寒暑过度，生乃不固。"

《灵枢·百病始生篇》说："喜怒不节，则伤脏。"以上论述都是说明愤怒、生气非常容易伤害肝脏等各脏腑器官。肝脏存储有人体大量的气血。而"怒则气上"，生气会使人体肝脏储存的气血急剧从肝脏出来，导致肝脏储备的气血流失。

如果一个人很容易生气，并且常常生气，时间久了必然导致肝脏自身的功能受损。所以遇到不如意的事情我们少生气，多想想办法冷静地处理，这样首先是有利于我们的身体。

有一个女性朋友办了一家企业，事业做得很成功。可是，她得了偏头疼，怎么治也治不好。到医院去检查，有的医生说是血管性头疼，有的说是神经性头疼，也有的说可能是因为颈椎有问题，有的则认为可能是心脏供血不足造成的。

总之，说法不一，诊法各异。最后，她被安排去做了一个核磁共振，结果显示脑袋里什么问题也没有。后来，这位朋友自己找到得偏头疼的原因了，原来她和婆婆住在一起，现在跟老公搬出来单住。搬出来以后，她的偏头疼就好了。

她说："我一直不知道我婆婆才是病因。每次回家的时候，只要一看见婆婆，就有点儿不舒服，头就开始隐隐作痛。因为婆婆很强势，看不惯我做事的方式，总是爱唠叨，听得我脑袋发胀。结果到了夜里，我就睡不着觉，还做噩梦。时间一长，我就老头疼。"

有趣的是，她婆婆原先有慢性肠炎，也是久治不愈，自从她搬走以后，也很快就好了。原来，她婆婆得病也是因为老跟她生气。所以，这婆媳俩有一个共同的简单病因，就是有一股不平之气。

生活中的不愉快，可能对我们的身体影响并非立竿见影的，但是长此以往是非常不利于我们健康的。生气时伤神伤心，有一首《不气歌》："他人气来我不气，我本无心他来气；倘若生病中他计，气下病来无人替；请来医生把病治，反说气病治非易；气之为害大可惧，诚恐因病将命弃；我今尝过气中味，不气不气真不气。"我们可以经常唱上两句，气下病来无人替，不气不气真不气！

生气与不生气也在于我们的心态。我们可以选择不生气，给自己一个好心情，也给他人一点空间。正如快乐是一天，不快乐也是一天，我们为什么不快快乐乐地过好这一天呢？

遇到事情如果我们生气的话，首先伤害了自己的身体，其次生气也未必可以解决问题，甚至在我们冲动的情况下，可能出言过重伤害到他人或者做出一些失去理智的行为，这样不仅不利于事情的解决，反而会让事情越来越复杂。

有的人个性急躁，没有耐性，稍微遇到一点不如意或小小的刺激，就暴跳如雷或轻举妄动，粗心莽撞就容易铸下大错。等到大错铸成，后悔也来不及了。

从前在一茂密的森林中，住着许多鸽子，其中有雌雄两只鸽子，同造一巢，住在一棵大树上。它们像年轻的小夫妇，相亲相爱，同甘共苦，过着快乐的日子。

这年秋天，有人在后山种了一山的果树，秋风一吹，各种果子都成熟了。鸽子们飞到后山果园中，当园主不注意时，偷了很多果子回来，满满地堆积在巢里，预备做冬天的干粮。

两只鸽子以为不必再愁冬天的食物了，便悠闲了几天。可是天气干燥无雨，不知不觉所有的果子都干缩，那满满堆在巢里的果子，仅仅剩下半巢。

这天雄鸽自外面归来，见此情形，大发雷霆，责怪雌鸽道："我们一起千辛万苦到后山采来的果子，你却单独享用，才没几天，已经被你偷吃了半巢果子，还不到冬天，就全给你吃光，你太自私了！"

雌鸽不服，忙反驳道："没有这回事，巢中的果子，自采回来后，我一个也没动过，哪会独自偷吃！"

"你还不承认，强词夺理，你看，果子不是剩下一半了吗？事实证明，还要抵赖！"

"那果子自己减少的，我并没有吃，请相信我！"雌鸽苦苦哀求。雄鸽不信，仍然怒气冲冲地道："你不曾独自偷吃，果子怎么会减少呢？"说着，马上用它尖锐的嘴啄过去，雌鸽抵挡不住，挣扎几下，就被雄鸽啄死了。

雄鸽以为知面不知心，得意洋洋，认为大害已除，今后无忧。哪知过了几天，忽然天空中乌云密布，风驰电掣，下了一场大雨，那储藏在巢中的果子，受了雨水的潮气，重新膨胀起来，和先前一样，满满堆积了一巢。

雄鸽见此情景，方才大悟，捶胸顿足，号啕大哭。凭一时怒气，竟误杀了雌鸽，它后悔莫及，天天悲切地停在树上，声声唤着雌鸽道："你到哪里去了呢？你到哪里去了呢？"

所以，当我们遇到生气的事情，首先要冷静下来，不要冲动，心平气和；

然后，考察事情的原委，研究分析其来龙去脉及前因后果，了解其真相，经过一番深思熟虑之后再去处理，考虑有没有比较可行的解决办法。这样事情可能在我们理智的处理下反而往好的方向发展，也化解了之前的不愉快。

在日常生活中，我们常常会有很多的小脾气，但是事后回过头想想，那些惹得我们发脾气的事情其实没什么大不了，不过是一些小事、一段小插曲而已，只是当时太认真了。所以，遇事不要太较劲，让不生气成为我们的一种习惯，控制好自己的情绪，不要太在意得失，给自己一个好心情！

寻找生命中的快乐

快乐是一个人心情喜悦的过程的真实反应，每个人都希望自己快乐，然而在现实社会中却有这样那样的痛苦伴随着我们，这就需要我们有一颗平常心，包容生活中的苦难，看淡人世的纷争，寻找生活中的快乐。

古人云：百姓日常生活即为道，而自不知。意思是说，我们的吃喝拉撒睡等日常生活就是道，而我们自己却不知道这个就是道；往往是早晨挤公交车被别人踩了一脚，到了晚上还在愤愤不平，自寻烦恼。正如白云禅师的《蝇子透窗偈》：

为爱寻光纸上钻，不能透处几多难。
忽然撞着来时路，始觉平生被眼瞒。

大意是苍蝇喜欢朝光亮的地方飞。如果窗上糊了纸，虽然有光透过来，可苍蝇却左突右撞飞不出去，直至找到了当初飞进来的路，才得以飞了出去，也才明白原来是被自己的眼睛骗了。苍蝇放着洞开无碍的"来时路"不走，偏要钻糊上纸的窗户，实在是徒劳无益、白费工夫。

这首诗通俗易懂却又寓意深刻，诗中的"来时路"喻指每个人的生活都有值得去品味的地方，只可惜往往不加以注意罢了。而"被眼瞒"一句更是深有寓意，意指人们常常被眼前表面的现象所欺骗，无法发现生活的快乐和幸福。

此诗选取人们常见的景象,语意双关、暗藏机锋,启迪世人不要受肉眼蒙蔽,而要用心灵去体会那些生活中通常被人们忽略而又美丽的瞬间。

有个人听说一位很有名的乐观者,于是,他便去拜访这位乐观者。乐观者乐呵呵地请他坐下,很有礼貌地帮助他解决心中的烦恼。

"假如你一个朋友也没有,你还会高兴吗?"这个人开门见山地问。

"当然,我会高兴地想,辛亏我没有的是朋友,而不是我自己。"

"假如你正行走间,突然掉进一个泥坑,出来后你成了一个脏兮兮的泥人,你还会快乐吗?"

"我还是会很高兴的,因为我掉进的只是一个泥坑,而不是万丈深渊。"

"假如你被人莫名其妙地打了一顿,你还会高兴吗?"

"当然,我会高兴地想,辛亏我只是被打了一顿,而没有要我的性命。"

"假如你去拔牙,医生错拔了你的好牙而留下了患牙,你还高兴吗?"

"当然,我会高兴地想,辛亏他错拔的只是一颗牙,而不是清除了我的心脏。"

"假如你正在睡觉,忽然来了一个人,在你面前用极难听的嗓门唱歌,你还会高兴吗?"

"当然,我会高兴地想,辛亏在这里嚎叫着的是一个人,而不是一匹狼。"

"假如你马上就要离开这个世界,你还会高兴吗?"

"当然,我会高兴地想,我终于高高兴兴地走完了人生之路,可以高高兴兴地去参加另一个'宴会'了。"

"这么说,生活中没有什么是可以令你烦恼或者痛苦的?"

"是的,只要你愿意,你会在生活中发现和找到快乐。痛苦往往是不请自来，而快乐和幸福往往需要人们去发现寻找。"乐观者说。

听到了乐观者这一连串的快乐表白，拜访者也悟出了其中的道理，因此，他的生活也充满了欢乐。

很显然，如果我们不能用心去体会的话，或者缺乏珍惜之心，是很难意识到快乐的所在，有时甚至连正在经历的快乐都会失去。正如一位哲学家曾说过的：快乐就像一个被一群孩子追逐的足球，当他们追上它时，却又一脚将它踢到更远的地方，然后再拼命地奔跑、寻觅。

人们都追求快乐，但快乐不是靠一些表面的形式来获得或者判定的，快乐其实来源于每个人的心底。安徒生曾经著有一则名为《老头子总是不会错》的童话故事，说的就是如何去寻找生命中的快乐，如何去寻找属于自己心灵深处的幸福感。

在某个地方的乡村，有一对清贫的老夫妇，有一天他们想把家中唯一值钱的一匹马拉到市场上去换点更实用的东西。

于是，老头子牵着马去赶集了。他先与人换了一头母牛，又用母牛去换了一只羊，再用羊换来一只肥鹅，又把鹅换了母鸡，最后用母鸡换了别人的一袋子烂苹果。在每次交换时，老头都幻想着能给老伴带去惊喜。

当他扛着大袋子来到一家小酒店歇息时，遇上两个英国人。闲聊中他谈到了自己赶集的经过，两个英国人听后哈哈大笑，说他回去准会被他老婆臭骂一顿。老头子坚持说这种事情绝对不可能发生。英国人就用一袋金币打赌，三个人于是一起来到老头子家中。

老太婆见老头子回来了，非常高兴，她兴奋地听着老头子讲赶集的经过。每听老头子讲到用一种东西换了另一种东西时，她都充满了对老头子的钦佩。她嘴里不时地说着：

"哦，我们有牛奶了！"

"羊奶也同样好喝。"

"哦,鹅毛多漂亮!"

"哦,我们有鸡蛋吃了!"

最后听到老头子背回一袋已经开始腐烂的苹果时,她同样不愠不恼,大声说:"我们今晚就可以吃到苹果馅饼了!"结果,英国人输掉了一袋金币。

生活本来就是柴米油盐这些繁琐而又现实的组合,每个人的生活都是如此。与其看不如意的方面,不如学会寻找乐趣,看生活中好的一面。如果我们能够像《老头子总是不会错》中的老太婆一样看待生活,用心去体会平凡中的幸福与快乐,那么微笑就会时常挂在嘴角,幸福的甜蜜也会永驻心间!

生活中的情趣是靠心灵去体会的。去掉繁杂,我们的心会更简单,会得到更多的快乐。生命短暂,找到自己的快乐才是本质,这才是幸福的本源。

人活着,要做的事情很多,奢望每一件都能按自己的设想发展结局,是根本不可能的!一切的期盼苦求无非徒增烦恼。只有一切随缘,才能平息胸中的"风雨",发现处处是快乐。

如果想真正做到任运随缘,那我们就应该向唐代高僧赵州禅师多取取经。

唐代高僧从谂禅师,因为久居赵州(今河北省赵县)观音院,因此被唤作"赵州禅师"。一日,两名云游僧到赵州禅师所在的观音院挂单,恰好与赵州禅师相遇。

赵州禅师问其中一名云游僧:"你以前到过这儿吗?"

僧答:"到过。"

赵州禅师说:"吃茶去。"

赵州禅师又问另外一僧,僧答:"我第一次到这里来。"

赵州禅师说:"吃茶去。"

观音院住持大惑不解,问道:"来过也吃茶去,没来过也吃茶去，这是什么意思？"

赵州禅师大叫一声："住持！"

观音院住持脱口而答："是！"

赵州禅师说："吃茶去。"

面对略有浮躁的社会，我们应该多一些"任运随缘"的态度，人生才会豁达。只有"遇茶吃茶，遇饭吃饭"，除去一切颠倒攀缘，才是畅快人生的真谛。

面对生活中的种种烦恼和痛苦，我们不必过于生气。既然它们随风而来，就让它们随风而去吧！

有贪心就会有生气

人生需要如何才能摆脱痛苦呢？如何才能不生气呢？那就是不贪念。有贪念就会产生烦恼，就会生气，让自己永远陷在一个痛苦的泥潭里。或许有人会说，不贪还怎么生活啊？人活着就必须获得物质基础，获得不就是贪吗？其实贪与不贪全在于你的心理上对它的认识。

汉朝开国六十年后的汉武大帝是中国历史上一位非常著名的皇帝。他的母亲窦太后在汉武帝登基之后，悄悄地为他匿名占了很多土地，然后就唆使下面那些官吏去抢占这些土地。事发之后，一般人都不敢去查这些，也不知道这些土地是谁的。

后来终于有忠言直谏的大臣就往上汇报，说查半天也找不到这些土地的主人。汉武帝听了很生气，说全国这么多人吃不上饭闹饥荒，竟然还有这么大片的土地被人占了还查不出来？他立即下令派专人追查到底。官员接到命令后很快调查清楚就据实报了上来。

汉武帝听了大臣的汇报后就去问窦太后这么做的原因。窦太后对他说，你虽然是皇帝，拥有天下的土地，可是真正属于你自己的土地一块儿也没有。

汉武帝不禁问：这个国家都是我的啊！按照古人说的话，天上地下凡是我所想到的地方都属于我的，我为什么还要为自己划那么一小块地呢？

窦太后说，这个国家是你的并没有错，可那只是一个虚名而已。其实只有这块划到你名下的地才是你真实所有的。

汉武帝反问道：国家这个虚名也是在我的名下，那块土地你再写到我名下不是多此一举吗？同样不都是一个虚名而已吗？我们对国家的拥有，和对那一小块土地的拥有，不都是一个名而已，您何苦要划到我的名下呢？

我们可以想一想，窦太后其实并不是没有境界，没有境界的时候是她当皇太后之前。只是她当皇太后之后全天下已经没有和她对比的更高境界了。即便有，因为她贵为皇太后，谁又敢教导皇太后呢？

人有时候当本身境界不够高的时候，跨入了一个高度，没有更高级别的人去指导他，没有更大的宏伟的理念来促使他前进的时候，他没有动力了。并且，一个曾经的成功者在成功之后再回到成功前时，一定会做糊涂的决断。所以一个人达到一定的高度时，接下来就是掉下去，而且掉得很惨。

我们常常设定人生目标，有时候设定的目标很快实现了，怎么办呢？为了使自己不虚度，就需要设立一个更新的、更高的目标。只有这样，才能使自己的人生变得快乐和精彩起来。

快乐精彩的人生绝不是不工作。比如说一个三十岁的人的目标是赚一百万，他花了十年的时间就实现了。可他成功后才四十岁，实现了目标后他接下来该干什么呢？他剩下的时间绝不是吃喝玩乐这么简单的，他需要再设立一个新的目标，再去实现它。否则他就会失去生活的乐趣。

有人可能会说，人生无非是获得功利的过程，辛辛苦苦创造事业都是为了财和利。不错，财富和名利正是人类赖以生存的东西。我们积累粮食，是为了让自己和遇到灾难没有饭吃的人能够吃饱维系生命；积累钱财是为了能为自己的将来和后代，甚至还有更多可能有需求的人获得有衣穿、有饭吃、有房子住的机会。

《菜根谭》中主张："爵位不宜太盛，太盛则危；能事不宜尽华，尽华则衰；行谊不宜过高，过高则谤兴而毁来。"意即官爵不必达到登峰造极的地步，否则就容易陷入危险的境地，自己贪心也不可过度，否则就会转为衰颓。

同理，在追求的时候，也不要忘记"乐极生悲"这句话，适可而止，才能掌握真正的快乐。大凡美味佳肴吃多了就如同吃药一样，只要吃一半就够了；令人愉快的事追求太过则会成为败身丧德的媒介，能够控制一半才是恰到好处。

所谓"花看半开，酒饮微醉，此中大有佳趣。若至烂漫酕醄，便成恶境矣。履盈满者，宜思之。"意即赏花的最佳时刻是含苞待放之时，喝酒则是在半醉时的感觉最佳。凡事只达七八分处才有佳趣产生。正如酒止微醺，花看半开，则瞻前大有希望，顾后也没断绝生机。如此自能悠久长存于天地畛域之中。

又如："宾朋云集，剧饮淋漓乐矣，俄而漏尽烛残，香销茗冷，不觉反而呕咽，令人索然无味。天下事率类此，奈何不早回头也。"痛饮狂欢固然快乐，但是等到曲终人散，夜深烛残的时候，面对杯盘狼藉必然会兴尽悲来，感到人生索然无味，天下事大多如此，为什么不及早醒悟呢？

常常看到有些人为了谋到一官半职，请客送礼，煞费苦心地找关系、托门路、机关用尽，而结果还往往与愿相违；还有些人因未能得到重用，就牢骚满腹，借酒浇愁，甚至做些对自己不负责任的事情。凡此种种，真是太不值得了！他们这样做都是因为太醉心于名利，甚至把自己的身家性命都压在了上面。

其实生命的乐趣很多，何必那么关注功名利禄这些身外之物呢？少点贪心，多点情趣，人生会更有意义。何况该是你的跑不掉，不该是你的争也白搭。因此，注重中庸并保持淡泊人生，乐趣知足的心态，才能使自己体会出无尽的乐趣，达到人生的理想境界。

古人云：求名之心过盛必作伪，利欲之心过剩则偏执。面对名利之风渐盛的社会，面对物质压迫精神的现状，能够做到视名利如粪土，视物质为赘物，在简单、朴素中体验心灵的丰盈、充实，并将自己始终置身于一种平和、自由的境界，这是一件很难做到也是一件不平凡的事情。

人类对财富名利的看法，由于认知上的不同，导致了它的性质上的不同，给我们带来身体上的感受也不同。财富的积累绝不是坏事，正确地认知财富能够让我们认知贪念。那么，财富多了也能使你更积极、更向上、更勤奋，而不是更贪婪。此外，贪婪的人不一定能真正获得大财富；而不贪婪的人往往能容易获得大的财富。

拥有现有的，创造未来的，在贪念面前保持平常心。贪与不贪，在于你心的境界对财富名利的认识。只有不断地修正人生的目标，你才能获得健康；只有不断更新人生的目标，你才能获得快乐。

生气让你面目可憎

每个人都有七情六欲。在人的七情六欲中，有一种就是怒。梁实秋说："一个人发怒的时候，最难看。"这是说，当一个人发起怒来的时候，脸红脖子粗，有损形象。

刘小姐是一家电视台的主持人，长相甜美，气质高雅，性格温柔，看她的时候都让人觉得很舒心。有一次，她邀请了一位小嘉宾上节目，因为堵车，她赶到电视台时离节目开播只有5分钟时间了。

当刘小姐急匆匆地带嘉宾往直播室走的时候，警卫却伸手挡住了她们："请出示嘉宾证。"这时台长已经下班回家，现在去开证明也来不及了。刘小姐只好给警卫解释，解释了半天，警卫只有面无表情的一句话："不行！"

刘小姐很失望，觉得警卫成心跟自己过不去，又不是不认识自己，干吗这样认真呢！5分钟后，节目开播。刘小姐又急又气，脸色大变，先是用双手狠狠抓挠自己的头发，然后又挥拳又跺脚，还把旁边一张桌子上的东西"稀里哗啦"地掀了一地。把那个小嘉宾吓得哇的一声哭了起来。

一个星期之后，刘小姐接到那个小嘉宾写的一封信，她说："刘姐姐，在我心目中，你应该是一个温和、文静的姐姐，是不会生气的人，可是那天你居然生气了，你生气的样子很可怕哦……"

看到这里，刘小姐的脸红到耳根。

是的，刘小姐很生气，但这只能告诉别人她修养不好，除了这个，对解决问题没有任何好处。那次生气，不仅给小嘉宾留下了一个不好的印象，而且她还摔坏了工作筐和好几盘磁带，两天吃饭都不香，这都是一次生气带来的，实在不值得。

人在发怒的时候的确是最难看的。纵然面似莲花，一旦怒而变青变白，也会面色如土，再加上满脸的筋肉扭曲，龇裂发指，那副面目实在不仅是可憎而已。俗语说，"怒从心上起，恶向胆边生"，怒是心理的也是生理的一种变化。人遇到不如意的事情时，很少不勃然变色的。

一位70多岁的老人，半身瘫痪，但每天早晨戴上老花镜，必阅报纸。打开报纸，不久就会把桌子拍得山响，吹胡瞪眼，破口大骂。

因为，报上的记载，他总是看不顺眼，可是自己心里又还想看，但看了就怄气。每当这时他的家人总是躲得远远的，谁也不愿意靠近他。但过不了多久，他就会一阵雨过天晴，怒气也就消了。

诗云："君子如怒，乱庶遄沮；君子如祉，乱庶遄已。"这是说有地位的人，赫然震怒，就可以收拨乱反正之效。一般人还是以少发脾气少惹麻烦为上。

盛怒之下，不但自己的样子很难看，而且，体内红血球不知道要伤损多少，血压不知道要升高几许，总之是不值得。另外，血气沸腾之际，理智不大清醒，言行容易逾分，于人于己都不相宜。

一些人很容易生气，他们会为一些鸡毛蒜皮的事对别人发脾气，跟人吵架，但是无论怎样表示愤怒，结果往往都是以后悔告终。一个人在生气的时候，面红耳赤，大吵大闹，嘴巴张得大大的同时，却关上了智慧的大门。

最后，不仅失去了理智和尊严，还给周围的人传递这样一条信息：他修养不好，涵养不够……如果我们常常告诫自己不生气，这一切就不会发生。

希腊哲学家皮克蒂特斯说：计算一下你有多少天不曾生气。在从前，我每天生气；有时隔一天生气一次；后来每隔三四天生气一次；如果你一连三十天没有生气，就应该向上帝献祭，表示感谢。由此可见，减少生气的次数便是修养的结果。

另一位同属于斯多亚派的哲学家玛可斯·奥瑞利阿斯这样说：你因为一个人的无耻而愤怒的时候，要这样的问你自己：那个无耻的人能不在这世界存在么？那是不能的。不可能的事不必要求。

坏人不是不需要制裁，只是我们不必愤怒。如果非愤怒不可，也要控制那愤怒，使发而中节。佛家把"嗔"列为三毒之一，"嗔心甚于猛火"，克服嗔恚是修持的基本功夫之一。

《燕丹子》有说："血勇之人，怒而面赤；脉勇之人，怒而面青；骨勇之人，怒而面白；神勇之人，怒而色不变。"生而喜怒不形于色的人，那应该是一个人最珍贵的品德了。

生闷气会损伤身体

王女士在某外企公司工作，一直担任重要职务。两年前部门来了一位年轻的女同事，她有活力、有干劲，很快得到了公司上下的认可。王女士渐渐地不受重视。因此，她心里很烦闷。工作上不顺心，她想把心里话说给老公听，可是老公太忙，没有时间听她说话。这样一来，她就常常把自己关在屋子里生闷气。

不久，她总感到左侧乳房胀痛，用手一摸还有肿块。到医院检查后得知，是乳腺小叶增生。医生询问了王女士的情况后，给她开了一张心理处方：要想不乳痛，不要生闷气。

现实中像王女士这样的人很多，他们生气时不是想法发泄，而是闷声不响，生闷气。爱生闷气是个很不好的习惯。生闷气，就是自己和自己过不去。

会生活的人，都懂得自我解脱、自我调节，遇到烦恼的事能够不想它或驱走它；而爱生闷气的人则不然，常把盲目的、无用的怨恨和遗憾留在自己的思绪里，不能摆脱心中的烦闷。这不是在自我折磨吗？

从心理上讲，生闷气是一种不愉快的情感，是一种消极的甚至是有破坏性的心境。我国古代医书上就写看"百病之生于气也""怒伤肝，忧伤肺"，不愉快的情绪可以使内脏活动紊乱、内分泌系统失常，胃口不佳、消化不良。长期烦闷、苦恼，还会导致血压升高和冠心病。

情绪不好，记忆力要减弱，思维能力也受影响，必然会影响工作和学习。爱生闷气，也影响人们之间的正常交往。成天闷闷不乐，更难于交到朋友。

另外，爱生闷气很影响夫妻感情。夫妻间偶尔闹点别扭，生生气，这对于绝大多数恩爱夫妻来说无多大妨碍，也很快会"烟消云散""和好如初"。不过生活中也有这样的夫妻，一生气就没完没了，谁也不和对方说话，绷着脸，阴沉沉地总不见"晴天"。

自从举家迁到大连后，盖某原以为日子会越过越红火，但没想到因为孩子的教育问题经常跟妻子吵架，夫妻关系日益恶化。盖某性格较内向，话语较少，吵架拌嘴的时候当然说不过妻子，因此他常常一个人生闷气。

一天，盖某像往常一样心急如焚地等着儿子小峰回家，并不由自主地埋怨妻子太溺爱孩子，因此二人又吵了起来。儿子小峰从网吧回到家，一见父母吵作一团，便知趣地躲进屋内。

吵了一会儿后，妻子不再理盖某，躺到床上睡觉。盖某的气没处撒，索性把自己关到厕所里闷头抽烟。

大约过了两个小时后，盖某突然从厕所冲出来，气愤地大吼道："这日子没法过了，还不如一把火烧了干净。"说完摔门而出。他到加油站买了小半桶汽油，回到家中二话没说就将汽油泼向屋里，吓得妻儿夺门而逃。跑出不远，母子俩回头一望，家中已是浓烟滚滚，盖某站在屋门口放声痛哭。

恶劣的情绪是致病的凶手。恶劣情绪对健康危害的大小取决于两个因素，即强度和持续的时间。所谓强度是指生气的程度是轻微不满还是恼怒，或者是有度的愤怒；持续时间指生气是短暂的几分钟至几十分钟，还是几天甚至更长。

夫妻之间生闷气，开始时可能大多是不满或恼怒的"小气"，但郁结在心中太长，矛盾长期不解决，相互之间会越发看不顺眼，结果使矛盾更加严重，"小气"变成"大气"。

夫妻间生闷气是一种慢性的精神折磨，会使人体内各系统、各重要器官的正常功能受到抑制，进而使机体平衡遭到破坏，免疫水平降低，容易引起多种疾病。

夫妻长期生闷气并不能解决问题，反而会招致严重的后果，致使夫妻感情出现裂痕或者完全破裂。

其实，夫妻间不用生闷气的方法去处理矛盾，而是有话讲到明处，把心里的不痛快和怨气及时的宣泄出来，只要方式得当，并不会伤害夫妻间的感情。因为正常的交换意见属于夫妻间的感情疏导，它是维系双方感情的主要纽带之一，又是保持夫妻双方身心健康的重要手段。

当然，这要求夫妻双方都能以深沉和真挚去理解和体谅对方，当丈夫或妻子向自己宣泄忧愤时，应尽量帮助对方分解苦恼，而不是过分指责与挑剔。夫妻双方不仅是爱情的共享者，还应是生活上的知音，当一方宣泄感情时如能及时得到对方的体谅与理解，那就是精神上最大的关怀，也是爱意的最好证明。

生闷气，并不都是因为生活中遇到不幸事件、不如意事情，更多时候是人的主观内在素质的弱点造成的。尤其是性格内向的人最爱生闷气，遇到不顺心的事常常郁积于心，不肯向人吐露，陷于焦虑、苦闷之中而不能自拔。

过于注意自我，为个人利益患得患失，也会导致爱生闷气。想得到的利益而没得到时，有"患失之忧"，得到了又产生"患得之忧"。总之，得也忧，失也忧；进也忧，退也忧；一天到晚忧心忡忡。

科学试验告诉我们，人的感情无论怎样压抑，最终都要经过各种途径宣泄出去。因此，生气的时候，我们要想办法解决。

首先应找出使自己生闷气的原因：是什么事使我们这样？为什么它会使我们这样？可以用写日记的方式把事情的经过和自己的想法整理一下。

尽量用客观的态度来分析这件事，它是客观存在的，它影响了我们的情绪。而我们的情绪不一定是这件事本身引起的，有可能是自己的思路，也即思考问题的方式、对事件的看法引起的。

如果我们的看法是不合理的，比如说可能会想到周围人都针对自己，和自己过不去，但是这种想法显然不合实际。就算有人针对我们，和我们过不去，但绝对不会是所有人都和我们过不去。

整个世界都变得灰暗，是我们自己想成那样的，和事实并不相符。所以我们要尽量把自己对事物的看法变得客观些，冷静地分析，我们就会慢慢发现，有些事情并不值得或者说不应该去为它生闷气。

如果实在气愤难平，影响到身心健康，建议去找自己最信任的朋友聊聊或是找心理咨询师谈谈，倾诉内心的苦闷，也许会让我们的心情得到放松。

另外，做一些放松运动，如瑜伽、太极，或者去参加一些自己喜爱的运动，到户外去呼吸呼吸新鲜空气，把心里的事扔到一边，也对心情的放松有帮助。

生气时容易毁坏物品

任何人都有生气的时候，只不过发泄的方式不一样。其中最"惊心动魄"的则要数摔东西。

一天，黄某的老婆做错了事，被黄某奚落了一顿后，心里特别不高兴。饭吃一半就不吃了，噘着嘴走到电脑前玩游戏。黄某一看就知道自己错了，于是开始哄她吃饭。他说："快吃饭吧，你看噘着嘴多难看。"并且把手里的镜子放在她面前。谁知她拿过镜子，一下子摔得粉碎。

这时，黄某心里特别不好受，他最烦别人生气时摔东西了。更何况还是镜子，有道是"破镜难重圆"。以前她也摔过两次东西，他都忍了，这次真是太过分了。

黄某越想越气：摔东西谁不会啊，你不是摔镜子吗？看看我都摔什么。他扫了一眼桌上的东西，抓起了不锈钢饭盒狠狠地摔在了地上，"当"的一声，连自己都吓了一跳。但是黄某的老婆并没多大的反应。

黄某又把饭盒的盖子摔在了地上。然后又气呼呼地说："你会生气，我也会,大家一起摔好了。"老婆还是没有反应,只是在那儿默默地玩游戏。

"真是够失败的!"黄某气红了眼,搬起电脑"咣当"一下摔到地上……

生活中有很多小事情,如果我们像黄某夫妻一样为了一些小事而生气,不仅什么事情也办不了,还会破坏自己的好心情。

没有人愿意生气,可我们还是会经常为小事而生气。生气不仅是对挫折、被侵犯以及对被不合理对待的反应,而且也会成为一种习惯。在生气中,我们会容易做出没有经过审慎判断的事。因此,生气时不少人把毁坏物品作为发泄的出口。

不过,在此我们要奉劝各位朋友,生气时毁坏物品,虽然气消了,但是自己毕竟有损失,一般人生过气后都会很后悔。如果生气时毁坏的不是属于自己的东西,那么,我们的麻烦就更大了。

肖某在深圳一家公司工作多年,自认为没有功劳也有苦劳,几次要求加薪都被公司拒绝,不免心生怨恨,也就产生了辞职的想法。

有一天,他在公司加班,因生产出来的模具部分配件不合格,所以他将7块不合格的模具钢板放入炼火炉里回炉。随后去找公司老板商量辞职一事,不料被老板骂了一顿,肖某很生气,顿时萌发了报复公司的念头。

肖某回到模具部后,将公司配给他使用的电脑内存条、主板、显卡等砸坏,并带走电脑硬盘。肖某离开公司时,想起炼火炉里还有七块模具钢板正在回炉,本想将它们拿出来以免烧坏,但又想到老板刚才对他的态度,结果肖某在明知道炼火炉里的模具钢板会被烧坏的情况下却置之不理,致使价值7万余元的7套模具钢板被烧坏。肖某带着硬盘回到租住的地方,辗转到惠州一家公司上班。一个多月后,肖某在惠州被警方以故意毁坏财物罪名逮捕。

我们生活在各种人际关系中,如朋友关系、亲子关系、夫妻关系、职场中的人际关系等等。其中最令人感到头痛的事,莫过于那些"无法控制自己的人"。在当今社会中,**无法控制自己的感情、欲求的人**,正在急速的增加之中。我们经常可以在报纸网络上看到像肖某这种类型的人所引发的各种事件。

生气时毁坏物品的行为很愚蠢,如果物品是自己的,等气消的时候还要花钱再买；如果毁坏的物品不是自己的，结果就不仅仅只是花点钱的问题。

在生活琐事面前，一定要保持冷静，学会稳定自己的情绪，并且客观地作出分析和判断。在愤怒的情况下，特别容易让人做出失去理智的举动，而且通常这样的伤害都是没有办法弥补的。其实只要自己忍耐一下，所有的事情都会轻而易举地解决。

在遇到不顺心的事情时，不能简单地作出判断，一定要学会处理矛盾的方法。一般采用下面的几个步骤：首先明确冲突的主要原因是什么，双方分歧的关键在哪里；然后再冷静地进行分析，最后找出解决问题的方法。

只有这样，才能保持和睦的家庭关系和邻里关系。另外，要培养多方面的兴趣和爱好，如绘画、书法、养花、集邮、下棋、跳舞、听音乐、打太极拳等。这样既可以修身养性，又可以陶冶情操。

生气绝食要不得

一个人生气时最常说的一句话就是"气得我连饭也吃不下了"。的确，生气的时候，有些人根本就没有食欲。"吃不下饭"会使人的健康受到危害，也会让关心我们的人心疼。正因为如此，一些人常常以"绝食"来表达自己的愤怒。

王子文毕业于一所名牌大学，毕业后受聘于北京一家大型国企。刚刚工作一年，就因上网成瘾而严重影响工作，被单位辞退。回到家里后，王子文一直待在屋里不肯出去找工作，整天泡在网游里，不跟身边的任何人交流。父母也曾托人给他找过几份工作，但都干不到几天就回家了。

近年来，王子文每天白天睡觉，晚上玩游戏。现在已发展到不洗脸、不刷牙、不洗澡、不换衣服、身上异味很重。父母好言劝阻，他就大吼大叫，叫他们不要管自己的事。

父母觉得儿子这样下去会毁了自己，于是就狠下心来，把网线剪断，希望儿子戒除网瘾。开始时王子文苦苦哀求，见父母不为所动，转以绝食抗争。

几天后，父母拗不过，只好又让他上网玩游戏了。长期熬夜已经让王子文的健康受到了伤害，再加上又绝食几天，王子文这个曾经英俊帅气的小伙，已变成一个颓废无神,骨瘦如柴的"木头人"。

专家认为,人一生气就绝食,是非常愚蠢的做法,会给我们的身体造成严重的危害。众所周知,热能是维持人体生存和活动的必要条件,正常情况下,健康成人每天需要从食物中获取7530千焦(1800千卡)的热量。

食物中的营养成分可以分为蛋白质、脂肪、碳水化合物、无机盐和维生素这五类,其中蛋白质、脂肪和维生素可以提供热能。每一克食物中的蛋白质和碳水化合物在人体内消化分解可以分别供给1.67千焦热能,而每一克食物脂肪在人体内分解可供给3.76千焦热能。无机盐和维生素虽不能供能,但它们对人体正常的新陈代谢有很重要的功能,也必不可少。

人在生气"绝食"的时候,那些人类赖以生存的营养物质就会失去来源,它们各自在人体内的功能就会受到影响。比如脂肪,它是机体组织重要的有机成分,尤其对神经系统的发育起着重要作用。同时,体内各组织器官均由脂肪层作庇护,以缓冲外界对血管的伤害。

另外,脂肪对某些维生素的溶解、吸收也是必不可少的,如维生素A、D、E、K,只有溶解在脂肪里才能被人体吸收。如果不摄取脂肪,就会影响这些维生素的吸收,时间长了导致相应的维生素缺乏症,如常见的皮肤干燥、头发枯黄、夜盲等等。

还有蛋白质,长期缺乏会造成血浆胶体渗透压的降低,出现营养不良性水肿,对传染病的抵抗力降低,极易引起感染及合并肺结核等各种慢性消耗性疾病。

"绝食"不仅切断了营养物质的供应,而且极大地影响了体内各器官功能的发挥和体内环境的稳定。比如在饥饿状态下会产生包括酮体在内的各种有机酸,酮酸量超过细胞的需要,就会导致血浆中的酮酸水平升高,为了维持平衡,血浆中碱性的重碳酸盐对这些酸性的有机酸进行中和而大量减少,同时产生大量的二氧化碳,需要经肺排出。

长此以往,我们就会发生饮食性营养不良症,出现严重消瘦或伴发各种营养素缺乏症。开始表现为兴奋急躁、思想不集中、记忆力减退,并感到疲倦乏力、肢端麻木，随即出现手足冰冷、畏寒等末梢循环不良的症状，免疫力极度下降。

这样，即使不死于各种继发疾病，也可能因机体极度衰弱，表现为脉搏缓慢、血压下降、心脏缩小而经常发生低血压晕厥，最终导致心力衰竭或心脏停搏。可见，以"绝食"来表达自己"很生气"是不行的。

一个人喜、怒、哀、乐等情绪的变化常常影响身体其他部位的功能。胃是最容易受情绪波动影响的器官。科学工作者发现，当人有明显情绪波动的时候，胃的血液供应就不正常，不能产生足够的消化液；胃的肌肉不会适当的收缩、蠕动，胃的出入口也不能有规律地开关。比如你与人吵架、生气，就会出现以上情况，影响食欲，吃不下饭。同时，与人吵架以后，注意力也转移到使自己生气的事情上去，自然会没有胃口，即使吃进一些，腹部也会饱胀不适。

偶尔有以上情况，不会有什么严重后果。但是值得提醒的是，常在进食前后和进食时生气、考虑棘手的问题，就会逐渐酿成对健康的危害，人的胃病就是因为具有不开朗的性格或长期心情不愉快而患上的。因此，越是在我们生气的时候，越是应该想办法吃一些东西，而不是以"绝食"来抗议。

《孝经》中说："身体发肤，受之父母，不敢毁伤，孝至始也。立身行道，扬名于后世，以显父母，孝之终也。"意思是说，我们要爱惜自己的身体，不要轻易毁坏，否则就很不孝。

然而，有些人根本就不懂得爱惜自己，尤其是在生气的时候，常常对自己的身体施暴，甚至自残。

张少兵是一个初三年级的学生，放学后在家做数学题。同在一个学校读书的妹妹发现自己的零花钱少了一些，就跑过来说是哥哥偷拿了。张少兵见妹妹打断自己做作业，已经非常不高兴了，又听妹妹诬陷自己拿钱，就更加生气。

于是，兄妹俩就为这件事争吵起来。不久后，张少兵父母下班回家，听到两个孩子在吵架。当父亲问清情况以后，拉过女儿对张少兵说："你没拿就算了，跟妹妹吵什么，有什么话可以跟妹妹好好说嘛，不要跟妹妹吵架。"当场还骂了张少兵几句。

张少兵觉得自己根本没有拿妹妹的钱,还被父亲责骂,感到非常委屈。趁父亲不注意,就悄悄地跑进厨房里,拿起案板上的菜刀就朝自己手掌砍下去。听到儿子一声惨叫后,张少兵父母赶快跑了过来。面对眼前的情景,父母真是心痛不已。只见张少兵倒在地上直打滚,案板上、菜刀上、地上,到处都是鲜血,儿子的手掌已经完全耷拉下来,半截手掌都快掉下来了。

张少兵的父母赶快把儿子送到附近医院进行紧急抢救。张少兵的病友以为他是因意外事故才使手掌受伤的。"当时流了很多的血,样子非常吓人,他妈妈都快哭晕过去了。"当他们听说这个孩子是用菜刀把自己给剁伤了的时候,他们感到非常奇怪,这么小的孩子怎么这么犟,居然做出这样的举动。

医生赶紧为张少兵施行了手术,手术之后张少兵虽然恢复得较快,但再也不能恢复成原样了。对于自己的一时冲动,张少兵感到非常后悔。他发现自己的手掌伤成这个样子,特别是看到父母因为这件事为他流了很多眼泪时,心里非常难过。

事情发生后,张少兵所在学校的老师和同学都来看望了他。据其学校老师介绍,张少兵在学校成绩一直很好,性格也较为开朗,还比较喜欢帮助其他同学,同学和老师都非常喜欢他。他们也没有想到会发生这样的事情。

人不要因为一点小事去生气,更不要走极端,否则后果不堪设想。准确来说,生气时拌拌嘴、摔摔东西还算是一种发泄的方式,而一生气就摧残自己的身体就不是简单的发泄了,这种行为说明此人的性格已经有了缺陷。

自残行为并不少见。每个人都可能产生过自残的念头,只是大多数人没有采取实际行动而已。据业内人士统计,我国每年因为心理问题自残甚至自杀的人数高达20万人,而且还在逐年上升。这说明自残已经不再是一般的问题,而是一个会对个人生命乃至对社会都造成很大危害的社会问题。造成的原因主要有以下几个方面。

(1)过于冲动。冲动时的极端想法也能导致自残。比如赌气、发誓、酒后无法控制自己等。

(2)焦虑转嫁。焦虑、紧张、不安、痛苦等得不到化解。自残是一种压力转移的方式，同时是一种不良的发泄方式。一些人会习惯于增加自身肉体的痛苦来减轻精神的痛苦。

（3）外界压力。许多外界压力会促成自残。这时，自残是被迫的，自残者并不愿意自残。伤害与否取决于外部意志。比如以肢体伤害为标的的赌博的履约等；再如被恶势力强迫自残等。校园暴力中自残现象也不少见。

（4）断绝期望。很多人都存在期望过高的现象。他们往往会比其他人更容易感受到挫折。对于一些他们已经失去信心的事情，由于他们存在较好基础，不可避免还是有一些欲求或期望出现，自残往往也就成了斩断这些来源的方法。

（5）无知。一些孩子并不知道自残的危害，还有一些则是在不良的风气中受到误导。比如文身，看起来是在追求"酷"，但往往是在轻率决定后才出现后悔。

无论是哪种形式的自残，都会被人认为是心理不成熟或不健全的表现，因此难以被社会接受。在自残者走入社会的时候，社会可能会因为担心自残者的脆弱或另类而在很多方面厌恶、限制或拒绝自残者。

因此，一生气就自残的人可要注意了，这种行为表明，你的人格已经有了缺陷，要尽快查明原因，以防自己做出更出格的事情来。

专家称，有自虐心理的人其实很痛苦，都想尽早摆脱这种自虐心理。但仅仅用砸东西、大喊大叫等方式来排解显然不够，能够彻底摆脱这种感受的方法是提高自己的自信心，凡事都不要苛求自己，要学会客观、全面地分析和看待问题。

还有更重要的一点就是要学会与人沟通，把自己心中的困惑、不满都向他人说出来，宣泄出来，就能够避免自虐心理和自虐倾向的发生。有自虐倾向和自虐心理的人并不可怕，也不要封闭自己，当个人无法摆脱这种心理时，一定要及时就医，在医生的帮助下完全可以摆脱这种不良的心理状态，不要讳疾忌医。

我们平时有多少生气的时候？为什么而生气？为塞车、为天气、为股票、为别人的态度、为自己的遭遇……有些人还常常生两次气。第一次是因为某人或某事生气，第二次是生气刚才自己为什么生气。仿佛我们的人生总有生不完的气。

第二节　生气的源头剖析

气量狭窄的人易动怒

《三国演义》第七十回写道，张郃领兵三万驻守瓦口隘，孔明派张飞去攻打。"两军摆开，张飞出马，单搦张郃。张郃挺枪纵马而出。战到二十余合，张郃后军忽然喊起：原来望见山背后有蜀兵旗幡，故此扰乱。张郃不敢恋战，拨马回走。张飞从后掩杀。前面雷铜又引兵杀出。两下夹攻，张郃兵大败……多置檑木炮石，坚守不战。"

"飞使军人百般秽骂，郃在山上亦骂。张飞寻思，无计可施。相拒五十余日，飞就在山前扎住大寨，每日饮酒；饮至大醉，坐于山前辱骂。"

玄德差人犒军，见张飞终日饮酒，使者回报玄德。玄德大惊，忙来问孔明。孔明笑曰："原来如此！军前恐无好酒；成都佳酿极多，可将五十瓮作三车装，送到军前与张将军饮。"

张飞让士兵把酒摆列帐下，令军士大张旗鼓而饮。有细作报上山来，张郃自来山顶观望，见张飞坐于帐下饮酒，令二小卒于面前相扑为戏。郃曰："张飞欺我太甚！"传令今夜下山劫飞寨。

当夜张郃乘着月色微明，引军从山侧而下，径到寨前。遥望张飞大明灯烛，正在帐中饮酒。张郃当先大喊一声，山头擂鼓为助，直杀入中军。但见张飞端坐不动。张郃骤马到面前，一枪刺倒，却是一个草人。急勒马回时，帐后连珠炮起。一将当先，拦住去路，睁圆环眼，声如巨雷，乃张飞也。挺矛跃马，直取张郃。两将在火光中，战到三五十合。张郃力战不下，只得弃关逃走。

这一节很有意思,猛张飞居然也用上了计策,面对坚守不出的张郃,他不断地用各种方法进行挑衅。最终,张郃气愤不已,出关迎战,被张飞杀得大败,弃关而逃。

可见,一个人在受到挑衅的时候,是很容易生气的,而一旦生了气,就会做出缺乏理智的事情。

一位心理学大师说过:心理变,态度亦变;态度变,行为亦变;行为变,习惯亦变;习惯变,人格亦变;人格变,命运亦变。换句话说,一个人要想运势好,他的性格首先要好。你不能总是让别人跟你在一起不舒服,这样做人就缺少亲和力。

所以,人在有自知之明之后能够像古人说的那样每日"三省吾身"很重要,不能总是自我感觉太好。自我感觉好的这种人其实很容易吃亏。面对挑衅,首先最大度的做法是宽容和忍耐。

有一位朋友开车去上班,突然,马路上杀出一个醉汉拦住了他的车,非说撞了他,并让这位朋友下车道歉。这在以前,他会上去给醉汉两拳,这一次他却没有。他想了想就下了车,和颜悦色地对醉汉说:"对不起,请你原谅我。"那位醉汉拍了拍他肩膀说:"哥们儿,冲你这句话,走人。"他回到车上,一点也没觉得受了委屈,反而有一种战胜自我的愉悦感。

其次,可以进行合理的回击,但是,方法一定要巧妙。

在美国生活的一位贫穷的修鞋匠老人,来自西西里岛。每周六他喜欢从收音机里收听歌剧,听歌剧的时候他喜欢打开门窗,让音乐洒满周围的街巷。

可是从一个周六,开始一帮恶棍打破了他的幻想。他们对着老人挑衅着叫嚷各种难听的绰号,还有更多的难听话。他们的叫嚷声很大,以致老人都无法安静地收听他的歌剧。一连几周他们都会准时骚扰老人。

终于,老人开始奋起反击,但对方继续冷酷地嘲笑和辱骂老人。等他们离去的时候,老人却再也没有心情收听自己喜欢的歌剧了。

后来,老人想到了一个好办法。当他们又准时地到来并继续他们的叫嚣和咒骂的时候，老人走向前对他们说：孩子们！你们的声音实在好听极了。请继续尽可能响亮地喊叫与尖叫，如果你们这样做，我会给你们每人25美分。他们叫嚷了一通，收获了25美分，于是惊喜万状地走了。

接下来的周六他们又回来了。老人对他们说，他是多么喜欢听他们的叫喊声，但是，因为自己只是贫寒的修鞋匠，所以没有足够的能力来支付这么难得的声音，所以，今天每人只能给10美分。

"把我们当成什么了，老东西！傻瓜！""我们才不会为了区区10美分给你做什么表演！""你那点钱，省省吧。"他们边说边气哼哼地走开了。

以后，那帮小流氓就拒绝回来冲着老修鞋匠辱骂和咆哮了，因为他们觉得老头太吝啬了。现在，老修鞋匠终于可以在每个星期六专心致志地倾听他的歌剧，声音放得很大，清清楚楚，而且再也不用担心那帮没礼貌，抱有偏见的孩子来打搅他了。

对面别人的挑衅，有的人会予以反击，而大部分的人则会手足无措，这时，我们可以用一种最无奈，但也是最有效的方法，那就是：忍耐！

其实，人是一条鱼，社会是一缸水，如果我们是一条热带鱼的话，那么我们必须要降自己的体温而不是希望水升温。一个有目标的人在坚持内心准则的情况下还要学会忍耐甚至是忍辱。在以退为进的策略中，我们需要告诫自己的是，要学会忍耐，坚持到底，把握最后的胜利。

一位名人曾说："真正能够成功的人，不管怎么计划，都会了解：人都有一段除了忍耐以外再也没有任何方法可通过的阶段和时期。但是最危险的是，在这期间，我们都很容易灰心。"

所以，所谓忍耐，并不是消极地等待，等着从天上掉下馅饼，而是忍受等待的痛苦，并继续努力。这就又回到了我们的主题——以退为进。

忍耐，可以成为处世的一种策略，甚至成为一种艺术。

忍耐，实际上是让时间、让事实来证明自己，这样做可以摆脱无原则的纠缠或者不必要的争吵。忍耐因此成为坚持的一个代名词。坚持和忍耐，两者也许就是分不开的。如果两者都具备，我们的生活也许因此就多了一笔财富。

嫉妒别人易惹气上身

莎士比亚说:"您要留心嫉妒啊,那是一个绿眼的妖魔!"《心理学大辞典》中说:"嫉妒是与他人比较,发现自己在才能、名誉、地位或境遇等方面不如别人而产生的一种由羞愧、愤怒、怨恨等情绪组成的复杂的情绪状态。"

心胸狭隘的人常常因为自己的嫉妒心理心生怒火。《三国演义》中,诸葛亮才智过人,周瑜心生嫉妒,于是他想方设法除掉诸葛亮。

周瑜和诸葛亮约定,如果周瑜夺取南郡失败,刘备再去夺取南郡。周瑜第一次夺取南郡失利受伤。虽然随后又将计就计,打败了曹兵;但是诸葛亮却乘机夺了南郡等地。诸葛亮既没有违约,又夺取了地盘。周瑜却很生气。

随后,周瑜又诳骗刘备到东吴,想软禁他。但诸葛亮却让刘备安然地回到了荆州,并且让周瑜中了埋伏,还让士兵讥讽周瑜"周郎妙计安天下,赔了夫人又折兵"。周瑜气得吐血。

最后,周瑜以攻取西川为名借道荆州,想乘机杀了刘备,夺取荆州。谁知又被诸葛亮识破计谋,自己被戏耍了一番。回到东吴后,周瑜就一病不起,临死前叹了口气说:"既生瑜,何生亮!"连叫数声而亡,死时才三十六岁。因妒生愤,因愤生恨,因恨而终,周瑜这样一个风流人物死得实在可惜。

一位美国作家说过:"当朋友取得成功时,我们心中就有一些东西被摧毁了。"你是否也有过这种感觉,当听到别人成功的消息,会不会变得很脆弱?当看到别人春风得意的时候,是不是感觉自己好像失去了什么?当自己的快乐和满足被老同学或老朋友们的好消息冲淡时,是不是觉得自己很失败?

嫉妒是人性的弱点之一,嫉妒是一种比较复杂的心理。它包括"焦虑、恐惧、悲哀、猜疑、羞耻、自咎、消沉、憎恶、敌意、怨恨、报复等不愉快的情绪"。别人天生的身材、容貌和逐日显出来的聪明才智,可以成为嫉妒的对象;其他如荣誉、地位、成就、财产、威望等有关的社会评价,也容易成为一些人嫉妒的对象。

每一个人都在嫉妒别人。因为嫉妒,我们就创造出了地狱。因为嫉妒,我们就变得很卑鄙。如果每一个人都在痛苦，他就觉得很好；如果每一个人都失败，他就觉得很好；如果每一个人都很快乐、很成功，那个味道就变得很苦。

人生在世，一定要有一颗平静和睦的心，切不可心怀嫉妒。俗话说："己欲立而立人，己欲达而达人。"别人有所成就，我们不要心存嫉妒，应该要平静地看待别人所取得的成功，这是拥有幸福人生的秘诀。

有这样一个寓言故事。

有一对夫妻心胸都很狭窄，总爱为一点小事争吵不休。有一天，妻子做了几样好菜，想到如果再来点酒助兴就更好了。于是她就拿瓢到酒缸里去取酒。

妻子探头朝缸里一看，瞧见了酒缸里面倒映着的自己的影子。她以为是丈夫对自己不忠，把别的女人带回家来藏在缸里，就大声喊起来："喂，你这个死鬼，竟然敢瞒着我把别的女人偷偷藏在酒缸里面。如今看你还有什么话说？"

她的丈夫听了糊里糊涂的，赶紧跑过来往酒缸里瞧，他一见是个男人，也不由分说地骂起来："你这个坏婆娘，明明是你领了别的男人回家，暗地里把他藏在酒缸里面，反而诬陷我！"

妻子不甘示弱，越骂越气，举起手中的水瓢就向丈夫扔过去。丈夫侧身一闪躲开了，见妻子不仅无理取闹还打自己，也不甘示弱，于是打了妻子一个耳光。这下可不得了，两人打成一团，又扯又咬，闹得不可开交。

最后闹到了官府，官老爷听完夫妻二人的话，心里顿时大怒，眼见自己的同僚一个个地都升官发财了，只有自己在这个穷乡僻壤受罪，老爷我正心情不好，你们却不知好歹，来人啊，每人打二十大板，若再无理取闹一定重责！看吧，因为嫉妒，一个家庭不得安生。因为嫉妒，官老爷迁怒他人。

嫉妒的人是可恨的。他们不能容忍别人的快乐与优秀，会用各种手段去破坏别人的幸福。有的挖空心思采用流言蜚语进行中伤；有的采取卑劣手段施于行动。嫉妒的人又是可怜的。他们自卑、阴暗，享受不到阳光的美好，体会不了人生的乐趣，生活在他们自己的黑暗世界里。

嫉妒的人是那么的可悲！嫉妒就像"心灵的疾病"会扩散到身体各处，引起躯体上的不良反应，七病八疾不请自到，它是摧毁人性和健康的毒药。

嫉妒是一种缺乏自信、深感失落的心理感受。它是邪恶的开端，有着丑陋的本性，犹如用冰凌磨制的冷箭，不敢在阳光下发射；又如用阴谋绑成的棍棒，只能打别人的影子。嫉妒是一种最无能的竞争，是成功的最危险的杀手。

嫉妒总包含着一股不平之气。嫉妒越强烈，这股愤愤难平的情绪也就越强烈。毋怪乎总见有嫉妒者拿着"讨公平"的借口来为自己的恶意作辩护。可把"公平"视为嫉妒的外在借口，却出自于旁观者的逻辑。

对于嫉妒者自己，"不公平"简直不是个"借口"，而就是嫉妒者的真实感受，出自嫉妒的逻辑。逻辑之所以为逻辑，会表现为一种强迫：很多时候，嫉妒者自己都无法为这种不平感找到一种合理的解释，但他却仍然很难放弃这种看法，很难除去这种感觉。

嫉妒天然带着羞耻。嫉妒让人孤立，让人走到不见光的地方。嫉妒的人生活在地狱里。放弃比较，嫉妒就会消失，卑鄙就会消失，虚伪就会消失，但是唯有当我们开始培养内在的财富，我们才能够放弃它，没有其他的方式。成长，变成一个越来越真实的人，依照我们的样子来爱自己、尊敬自己，那么天堂之门就会立刻为我们打开。

误会是产生怒火的根源

一位农场主驾驶着自家的拖拉机外出办事，办完事后，他急匆匆地往回走。在快要到家的时候，拖拉机的刹车闸线断了。这时农场主看到妻子正蹲在门口干活，便朝着妻子大声呼喊，挥手摇臂，他想让妻子把家中放在橱柜里的钳子送过来，但由于距离太远，妻子根本听不清他在喊叫些什么。

农场主喊得口干舌燥，却毫无效果，决定给妻子打手势，他认为妻子一定能看明白。于是，农场主将一只手举过头顶，一握一握的，做出拿钳子的手势，然后又做出推开橱柜门的姿势，接着又比画着碗的样子。

妻子笑着点点头，转过身子，用手拍了拍自己的屁股，还使劲地摇了摇头。"这个蠢女人,笨女人。"农场主暗自骂道,"我比画得这么清楚都看不出来。"农场主非常生气地又重新比画了一遍。

让农场主更生气的是,妻子仍然笑着,还在那里拍拍摇摇。

这一下,农场主怒不可遏,气冲冲地返回家中,对着妻子训斥道:"你这个笨婆娘,我的手势打得多清楚啊,你竟然看不懂,在那里瞎比画什么呀?"

"你才笨呢,"妻子生气地反驳道,"我早就看懂了,不就是要钳子吗?还告诉我钳子放在橱柜里。我比画得还不够清楚吗?我拍拍屁股是为了告诉你,你屁股下面的工具箱里就有把钳子。"

生活中,像农场主这样的人并不少见。他们总以为自己很聪明,却不知道自己对别人产生了误会。他们总是习惯站在自己的立场上,用自己的方式去思考和做事,以为别人一定明白自己所做的一切,要求别人去理解他,一旦别人没有马上回应就大动肝火,认为对方很蠢很笨,殊不知,最蠢最笨的是他们自己。

与人相处时,发生一些小误会,我们会生气,会不愉快,但只要双方把问题说清楚,通常就不会产生严重的后果。所以,在发生误会的时候,一定要冷静,千万不能感情用事。

有一对年轻人结婚了,婚后太太因难产而死,留下一个孩子。父亲要忙生活,又忙看家照顾不好孩子。于是就训练了一只狗来照顾孩子。那狗聪明听话,很快就能照顾小孩了。

有一天,父亲要出门去了,留下那只狗照顾孩子。

这位父亲到了别的村子,因遇大雪,当日不能回去,第二天才赶回家。他把房门打开一看,发现到处是血,孩子不见了,而狗在身边,满口是血。发现这种情形,这位父亲以为是狗野性发作,把孩子吃掉了,大怒之下,拿起刀来向着狗头一劈,把狗杀死了。

不一会儿,这位父亲忽然听到孩子的声音,又见孩子从床下爬了出来,于是他抱起孩子。发现孩子虽然身上有血,却并未受伤。这位父亲很奇怪,不知究竟是怎么一回事,再看看躺在血泊中的狗,狗腿上的肉少了一块,旁边还躺着一只狼,狼口里还咬着狗的肉。狗救了小主人,却被它的主人误杀了,这真是天下最令人悲伤的误会。

您看,误会,往往是在人们不了解、无理智、无耐心、缺少思考、不能多方体谅对方、反省自己、感情极为冲动的情况下发生。误会一开始,便会只想到对方的千错万错,而使误会越陷越深,最后弄到不可收拾的地步。人对无知小狗发生误会,尚且会产生如此可怕的后果,人与人之间产生的误会,其后果更是难以想象。

再看另一个故事。《三国演义》第五十七回,庞统投奔刘备,刘备见庞统外貌丑陋,心里不喜欢,就派他去耒阳当县令。庞统很不高兴,到了耒阳县后,不理政事,整天饮酒为乐;一应钱粮词讼,并不理会。

有人报知刘备,说耒阳县事尽废。刘备大怒:"竖儒焉敢乱吾法度!"马上吩咐张飞说:"如有不公不法者,就便究问!"

张飞到了耒阳县后,军民官吏,皆出郭迎接,独不见县令。有人告诉张飞说:"庞县令自到任及今,将百余日,县中之事,并不理问,每日饮酒,自旦及夜,只在醉乡。今日宿酒未醒,犹卧不起。"

张飞气得暴跳如雷,打算把庞统拿住问罪。这时,喝得醉醺醺的庞统出来了,张飞质问他为何不做事,庞统说:"量百里小县,些小公事,何难决断!"

于是庞统三下五除二,不到半日,将百余日之事,尽皆断毕。张飞大惊,连忙赔礼道歉:"先生大才,小子失敬。吾当于兄长处极力举荐。"

庞统不屑于治理县城的小事,而令刘备对他产生误会。并生气地让张飞去查办庞统。张飞到了耒阳,了解了事情的真相,这样误会就解开了。试想,如果张飞也头脑发热,直接将庞统治了罪,恐怕刘备就会失去大名鼎鼎的凤雏先生了。

每个人的思考方式都不一样,思考的角度也大不相同。因此,人的一生中,误会别人或被别人误会是难免的。误会别人的人通常都很会生气,很容易做出不理智的行为;而被误会的人又会感到委屈、悲伤。

有的人情绪消沉,认为"跳进黄河也洗不清了";也有的人情绪过激,认为别人太不理解自己了,打算采取以牙还牙的报复手段,以此来消除遭人误会所带来的怨恨。

其实,这些都不是解决问题的办法。相反,还会使事情变得更加复杂,造成更大损失。正确的做法是,对误会要"解"不要"误"。所谓"解",就是缓解、化解矛盾,让解除误会成为"雪消春水来"的转机。

冲动会使人失去理智

俗话说:"天有不测风云"。生活中每个人都可能遇到许多不尽如人意之处。比如:在外面做生意失败了;回到家中突然遇到父母不幸去世;太太被老板炒了鱿鱼;孩子踢球把邻居家的玻璃打碎了,邻居找上门来等。

假使你遇到上述情况,你会有"发疯"的感觉吧。其实生活中有许多人和事,就是因为当事者在突发情况下不理性,而使事情发生恶变,把自己变成了其中的受害者。

曾听说过这样一件事,一位大学生毕业后应聘于一家公司搞产品营销,公司提出试用三个月。三个月过去了,这位大学生没有接到正式聘用的通知,于是,他一怒之下愤然提出辞职。

公司的一位副经理请他再考虑一下,他越发火冒三丈,说了很多抱怨的话。于是对方也动了气,明明白白地告诉他,其实公司不但已经决定正式聘用他,还准备提拔他为营销部的副主任。这么一闹,公司无论如何也不能再用他了。这位涉世未深的大学生因自己的不理性而白白地丧失了一个绝好的工作机会。

当一个人冲动时,其全部的注意力都集中在导致他冲动的这一件事情上,对于其他的诸如后果之类的问题,根本就没有时间和空间去考虑。因此有人说,"冲动是魔鬼"。无数个令人扼腕叹息的悲剧一再向众人诠释了这句话。包括我们,在自己的经历中也多少有些体会。

心理学家认为,人在受到伤害时,愤怒是正常的反应。而第一个念头便是想攻击伤害自己的人，但在行动前最好先问问自己：这样做能否达到目的？对解决事情有无帮助？

这是一个真实的故事：在临近高考还有23天的那天早上，在一个时常洋溢着欢乐笑声的班集体里，同学们正在全神贯注地填着志愿表。一切都是那么的平静，谁也不敢相信一场流血事件即将发生……

小全，全年级师生公认的一名高材生，拥有无限的前程。但他做事很冲动，只要情绪一来就根本不知道什么是冷静，什么是君子动口不动手。其实他并不想伤害别人，更不想毁了自己的前途。那是理智与他无缘呢，还是他自己放弃了对理智的索求？

事情的起因很简单，一位同学从小全身边走过时，不小心碰了他一下，小全不高兴地说："走路看着点！"那位同学不以为意地说："怕碰就别在这里坐着。"小全的火"腾"的一下窜了上来，对着那个同学的面门就是一拳……

待他冷静下来后，他才发现不应该发生的一切已成了现实。他把那位同学的双眼给打瞎了，年满18岁的他将要面临严峻的刑事处罚。冲动，让一个前程似锦的少年走向了囹圄，知道此事的人无不叹息。

因为冲动而使自己受伤害的例子举不胜举。譬如：自己向来尊敬的人，如果作出令我们伤心的事情，我们很可能立即讽刺回去；受了陌生人的气，恨不得用原子弹炸他等等。

其中，办公室是最容易滋生怒火的场所，当我们看到能力平平的同事晋升，而自己却备受冷落时，便会怒火中烧；天天为公司卖命，偶尔早点下班，主管就语带讥讽地说："今天才上半天班就自动下班了呀！"便一怒之下跑到老板面前拍桌子，把辞呈往老板面前重重一摔，然后自以为很帅地说："我不干了！"等等。这些做法，在当时可能是出了一口气，但很最后吃亏的还是我们自己。

现实生活中，人总是很容易产生冲动的。在一种氛围中、在一种情景下，冲动的情绪会急速冲破理性的防线，使人的情绪、思维和行为出现非常规的反应。

专家证实，人在冲动时候，大脑就容易短路。人在短路大脑的控制下，要对棘手问题做出及时、正确的反应几乎是不可能的。生活中我们时常听到这样的信息、某人跳楼自杀后，其朋友都说他平时是很平静、很容易沟通的，没听说过他和谁有积怨，甚至都不知道他会有什么想不开的地方；或者某人动刀砍人犯罪之后，说自己之前从未想过要砍人，和被砍的人也只是因为小事而起冲突的。

那为什么这样的信息我们会经常听到呢？简单地说，就是因为人在冲动的时候，容易做出一些平时连想都不会去想的事情，从而造成对自己或是对他人的伤害。

在生活当中，理性地面对社会百态，才能使我们的生活提高品位。理性处事，是为人的高素质的体现，也是情感睿智的反映。就像韩信肯受胯下之辱，非但不是因为怯懦，恰恰体现了他过人的理性。而刘邦与项羽决战在即，要韩信出兵相助之时，韩信提出要刘邦封他为"假齐王"，刘邦勃然大怒，大骂韩信不该在这个时候要求封为假齐王。

然而，经张良提醒，刘邦马上恢复冷静，转而向韩信骂道，"大丈夫要当王须当个真王，怎么可以要求封为假齐王？"随后，立即封韩信为齐王，从而使韩信能出奇兵，最终打败了强敌项羽，夺得了天下。如果当时刘邦不能理性地分析局势，那天下最终归谁所有，便不是一个定数了。

生气的人是世界上最傻的人，人只要生气了，其所说的话必是傻话，所做的事必是傻事。人只要生气了，对自己好的话偏不说，对自己不好的话却偏要说，人只要生气了对自己好的事偏不做，对自己坏的事却偏要做。

切勿死要面子活受罪

人争一口气，佛争一炷香。"面子"这个东西，人人都爱。因为，它总是与一个人的人格、自尊、荣誉、威信、影响、体面等联系在一起。因此，当一个人的面子受到损害时，他就会下不来台，就会生气。

王芳曾是一家大型企业的高级职员，她的能力是有目睹的，无论是工作能力，还是文字水平，都处在单位的一流水平，上司对她的能力也是充分肯定的。王芳的热情大方、率真自然，是比较受人欢迎的。

但是，成也萧何，败也萧何。王芳率直和不加掩饰，过于情绪化，不论对谁，只要她看见不对的地方，就不加保留地指责出来，一点也不给人面子。

后来，单位提拔了一个无论是资历，还是能力和业绩都不如她的女同事。王芳很生气，她义愤填膺地跑到上司的办公室去"质问"，并义正词严地与上司"理论"起来。虽然上司那儿早已准备了一堆冠冕堂皇的理由，还是被王芳搞的非常狼狈。

从那以后，上司对她的态度就有了转变，时常给她穿"小鞋"。王芳的情绪受到影响，还因此备受冷落，同事也不敢轻易同她说话了。王芳很难受，又气又急又窝火，自己怎么也想不通为什么工作干了一大堆，上司安排的工作也能高标准地完成，可总是费力不讨好。

积极处世就要懂得保留他人的面子！这是很重要的问题。很多人却很少会考虑这个问题。他们常常我行我素，甚至喜欢摆架子，在众人面前指责同事，对上司也不客气，而没有考虑到是否伤了他们的自尊心。

人人都有自尊和虚荣感，甚至连乞丐都不受嗟来之食，更何况是地位比自己高的上司？纵使上司犯错，而王芳是对的，但如果不注意表达方式就会伤了领导的面子，自己吃力不讨好也就是必然了。

一个人一旦被辱及了"面子"，那真比"杀了他"还让他难受。有时，一个人一旦丢了面子，什么事都会做得出来。

沈某因为与上司合不来准备换工作，心情不太好，晚上就和几个朋友在外面喝酒，一直喝到凌晨，喝了两瓶白酒和10多瓶啤酒，醉得迷迷糊糊。随后，朋友代某和曹某驾驶摩托车送沈某回宿舍楼。送到后准备回去休息。

公司宿舍区有规定，外人进出必须登记。当夜，保安钟某正好在值夜班，见凌晨时分还有人驾车出入，就拦住代某和曹某的车，要求登记一下。代某和曹某说，他们已经送走了朋友，正要回去了，嫌麻烦不愿意登记。这样，一来二去双方僵持不下便吵了起来。

这时，刚上了宿舍楼的沈某听到争吵的声音，便下来询问情况。了解之后，便要求钟某放行，但遭到拒绝。沈某顿时脸色大变，怒火上升，觉得钟某故意不给他面子，便对钟某动起手来。见此情况，沈某的朋友代某和曹某也上前助阵。

面对3名醉汉，钟某招架不住，拿起电话向其他保安求援。沈某等人更加恼火，冲上去打落了钟某手中的电话，紧接着对他大打出手。钟某逃到门卫里屋躲了起来，沈某仍追了进去，顺手拿起屋内的一根铁棍，朝的某头部狠砸了几下。见钟某倒在血泊里，沈某等人这才知道闯了大祸，慌忙逃离现场。

"不该喝那么多酒！"自首后，沈某后悔不已，称对不起钟某和他的家人。其实，这起凶杀案原本完全可以避免，沈某不该为了所谓的"面子"跟钟某发生冲突。

与人相处，一定要给对方"面子"。因为，如果伤了对方面子，自己将会遭受最猛烈的回击。一位外国学者说："为了保持体面，在中国人中产生出外国人无论如何也体会不出来的'面子'经。'好面子'是一种抬高体面；'失面子'是一种失去体面，失去体面就等于精神上的死亡；不要面子就是不去构筑体面。不论什么样温顺、善良、病弱的中国人，为了'面子'都可以同任何强者搏斗"。

"面子"也是不能被撕破的。撕破"面子"，就意味着抛弃了一切做人的尊严。我们常常听到这样的话："这个家伙，真是撕破了脸皮，什么事都干得出来。"意思是说，一些人已经连做人的起码要求都不要了，做什么事情都是不会感到惭愧的。所以，骂人最解恨的要数骂"不要脸"，被骂的也最怕被别人骂"不要脸"。

可见，人不能不要"面子"，否则在社会当中他就难以生存。然而，人也不能将"面子"作为一个"包袱"来背着，这样的生活过于沉重、压抑、甚至痛苦。"死要面子活受罪"，说的就是一些人为了"爱面子"可以忍受任何痛苦，即使受罪也无所顾忌。

在电视连续剧《难舍真情》中的出租车司机鞠长乐，就是这样一个死要面子活受罪的人。

鞠长乐深深地爱着厉平，而厉平已经研究生毕业，在大学任教，几乎没有结合的可能；可是厉平有过失败的婚姻，在难耐的寂寞中，鞠长乐走进了她的视野，并为他的热烈追求所感动，他们结了婚。

然而鞠长乐觉得自己在妻子面前总是个受教育的角色，很没面子，于是就买通小报记者在报纸上宣传他学雷锋的先进事迹，并发动小学生给他写有偿服务的表扬信，来满足他与妻子平起平坐的虚荣心。

其实鞠长乐的这种行为，在我们的生活中并非是个别现象。譬如，有的人原本很穷，却"死要面子""勒紧裤腰带"与人比阔。有的人，为"死要面子"，四处吹嘘自己如何如何"有能耐""能办事"，无限夸大自己的所谓"后台"是怎样怎样的"硬"。

有的人明明意外成功，自己明明是"喜出望外"，激动异常，却"死要面子"，故作"深沉"，一副若无其事的样子。有的人为了"面子"，犯了错误"死不认账"，即使被揭穿也要死撑到底，甚至要倒打一耙，推卸责任……

既然"面子"对一个人如此重要，那么，给对手最猛烈的回击就是想方设法在各个方面使对手的"面子"丢得干干净净。很多人为回击对手，使对手"丢面子"，往往采取"一报还一报"，恶意攻击、侮辱，或直接或间接，或公众场合或私下攻击对手。

但这样做往往容易反过来损害自己的"面子"，这是一种下下策。聪明的人是决不会这样做。聪明的人往往给对手很足的"面子"。他要一顶高帽，我就送他一顶甚至十顶，让他飘飘然不知自己是谁，自高自大起来的时候自有人收拾他，这叫"借刀杀人"。

总之，现代社会的竞争法则不是教人不要面子，而是市场经济越发展，就越要求人人都要讲究"面子"，有"诚信"；否则，谁都不会是赢家。然而，也不能太在乎"面子"，否则，吃亏、受罪的总是你自己。佛说"我不入地狱谁入地狱"。我们不是佛，我们是人，都是凡夫俗子，没有必要"死要面子"受那份"地狱"之罪。

因为爱面子,也怕没面子,所以有些人总是千方百计地维护自己的面子,而正是在这一过程当中,他们失去了许多更为有价值的东西。"死要面子活受罪"说的就是这种事情。更不可思议的是自己的正当利益受到损害或面临威胁时,有些人却害怕丢面子,不敢站出来据理力争,结果只能看着本应属于自己的那份利益被他人拿走,真是哑巴吃黄连——有苦说不出。

把这些人爱面子的现象总结在一块儿,我们就会发现它们具有一个共同的特征,那就是:在面子与利益的权衡上,采取一种务虚而不务实的态度,把面子放在绝对不可动摇的位置,自动承受由此带来的利益上的巨大损失。

很显然,这些人也是平凡人,也是饮食男女,有着种种现实的需要和理想的设计,利益的获取肯定有助于他们改善和提高自己的生活,但是,心理认识上的偏差迫使他们舍利益而保面子,忍受许多常人不会忍受的损失。

《圣经·马太福音》有句话:"你希望别人怎么样对待你,你就应该怎么样对待别人。"这句话被大多数西方人视为待人接物的"黄金准则"。真正有远见的人不仅在与别人的日常交往中为自己积累最大限度的"人缘儿",同时也会给对方留有相当大的回旋余地。

给别人留面子,其实也就是给自己挣面子。言谈交往中少用一些"绝对肯定"或感情色彩太强烈的语言,而适当多用一些"可能""也许""我试试看"和某些感情色彩不强烈、褒贬意义不太明确的中性词,以便自己能"伸缩自如",是相当可取的。

气大伤身,盛怒伤肝

生气和抑郁都是人们日常生活中常见的一种情绪,通常人们说的生"闷气"、发"闷躁"就是此类情绪的表现。抑郁和胡乱发脾气都是一种不良情绪,这种不良的情绪对人的心理及身体都会造成很大的危害。

《红楼梦》里的林黛玉不但有才华,而且纯洁又真诚。但却自幼羸弱多病,多愁善感。在"风霜刀剑严相逼"的贾府,她又不会像薛宝钗那样曲意逢迎、八面玲珑,而是经常郁郁寡欢,茶饭不思,夜不能寝,泪水涟涟。

当她听说心上人贾宝玉与薛宝钗结婚时，便一气而厥，悲愤而逝。从情绪心理角度看，正是因为她内心的抑郁情绪而造就了自己的悲剧。

人的一生当中，如果遇到不好的处境，如家庭不和、疾病伤害、亲友死别、天灾人祸、意外损伤等，不仅会使人产生对抗性情绪也会使人趋于心理封闭，不愿在他人面前表现出心理的真实状态，把什么事情都憋在心里。从而导致身体疾病。

研究表明：一个人如果在精神上遭受重大的创伤或打击，即使心理调整得好，平均也要缩短寿命一年，如果恼怒超过半年不解，大约要缩短寿命2~3年。因此，为了身体健康，有关专家提出这样一个口号：生气不该超过3分钟。

不论是中医还是西医都已经证实，生气是有损健康的。从我国中医学的角度来讲，人的精神心理活动与肝脏的功能有关。当人受到精神刺激造成心情不畅、精神抑郁时，会影响肝脏功能的正常发挥。

此外，肝脏还与精神活动有关，肝气不舒则急躁易怒，情绪激动。有时就会做出一些不理智的事情。肝脏通过调节气息辅助脾胃消化，肝气郁结则气息不利，不思饮食。

西医是用实验说明的。美国生理学家爱尔马曾做过一个实验：把一支玻璃管插在正好是0℃的冰水混合容器里，然后收集人们在不同情绪状态下的"汽水"，描绘出了人生气的"心理地图"。

实验发现，当人们心平气和时，冰水混合物里杂质很少；生气时则有紫色沉淀。爱尔马把人在生气时呼出的"生气水"注射到大白鼠身上，几分钟后大白鼠就死了。由此分析，人生气时的生理反应十分强烈，分泌物比任何时候都复杂，且更具毒性。因此，爱生气的人很难健康，更难长寿。

三国时期，曹魏与蜀汉对垒，曹真领大军来到长安，在渭河西边下寨。曹真与王朗、郭淮一起讨论怎么打败诸葛亮率领的蜀军。王朗说："明天可以把军队排整齐，挥舞旗帜。你们看我只要几句话，肯定让诸葛亮拱手而降，蜀兵不战自退。"

第二天，两军在祁山前对阵。王朗来到孔明面前对他说："早就听说诸葛亮的大名，今天能遇见实在是我的福气。您通晓知识，明白时务，为什么无故打我们国家？"

诸葛亮说："我听从皇帝的命令来讨伐逆贼，什么叫'无故'？"王朗首先说出一大套理论，甚至劝诸葛亮"倒戈卸甲，以礼来降，不失封侯之位。"

诸葛亮听后在战车上大笑，说道："我原以为你身为汉朝老臣，来到阵前，面对两军将士，必有高论，没想到竟说出如此粗鄙之语！我有一言，请诸位静听。昔日桓帝、灵帝之时，汉统衰落，宦官酿祸，国乱岁凶，四方扰攘。黄巾之后，董卓、李榷、郭汜等接踵而起。劫持汉帝，残暴生灵，因之，庙堂之上，朽木为官；殿陛之间，禽兽食禄。以至狼心狗肺之辈汹汹当朝，奴颜婢膝之徒纷纷秉政，以致社稷变为丘墟，苍生饱受涂炭之苦！值此国难之际，王司徒又有何作为？王司徒之生平，我素有所知，你世居东海之滨，初举孝廉入仕，理当匡君辅国，安汉兴刘，何期反助逆贼，同谋篡位！罪恶深重，天地不容！无耻老贼，岂不知天下之人，皆愿生啖你肉，安敢在此饶舌！今幸天意不绝炎汉，昭烈皇帝于西川，继承大统，我今奉嗣君之旨，兴师讨贼，你既为谄谀之臣，只可潜身缩首，苟图衣食，怎敢在我军面前妄称天数！皓首匹夫，苍髯老贼，你即将命归九泉之下，届时有何面目去见汉朝二十四代先帝……"

诸葛亮的话还没有说完，而王朗则身子一晃，从马上栽了下去，一命呜呼了！王朗本来是想游说诸葛亮，幻想不费一兵一卒，使诸葛亮拱手而降，使蜀兵不战而退。但王朗哪里是诸葛亮的对手？诸葛亮对王朗的历史和现状了如指掌，他义正词严，句句都击在要害上，使王朗怒气上升，激愤难当，最后猝死。

人在愤怒时会血压升高。另外，据调查吵架7天后，想起吵架的事血压仍会升高。一种解释是，压力激素使血管收缩，血压升高，心跳加速。以前科学家认为，这些影响会随着怒火的消失而迅速消失。但现在看来，情况并非如此。如果心血管反应对心血管系统造成了损害，那么，造成压力的因素在消失后，在一段比较长的时间内，身体仍会受到伤害。

心理学研究表明，脾气暴躁，经常发火，不仅是增强心脏病的致病因素之一，而且也会增加患其他病的可能性。有效地抑制生气和不友好的情绪，使自己更融于他人，最有效的方法在于提高自己的修养及得到亲人和朋友的帮助与劝慰。少发火的人，其死亡率和心脏病复发率会大大下降。为了控制或减少发火的次数和强度，下面介绍几种简单易行的方法：

首先要宽容大度。对别人不斤斤计较，不要打击报复。当你学会宽容时，爱发脾气的毛病也就随着那些不愉快的情绪自行消失了。

其次要学会意识控制。当愤愤不已的情绪即将爆发时，要用意识控制自己，提醒自己应当保持理性，还可进行自我暗示："别发火，发火会伤身体。"

再次，反应要得体。当受到不公正待遇时，任何人心中都会怒火万丈，但是无论遇到什么事，都应该心平气和、冷静地、不抱成见地让对方明白他的错误之处，而不应该迅速地做出不合理的回击，从而剥夺了对方承认错误的机会。

最后，学会推己及人。凡事要将心比心，就事论事，如果任何事情，你都能站在对方的角度来看问题，那么有很多时候，你会觉得没有原因迁怒于他人，自己的气自然也就消了。

迁怒别人只会惩罚自己

我们在生活中是否常遇到这样的情况：孩子放学回来重重地把书包一摔，问他发生了什么事，他却不礼貌地说："你好烦喔！"

太太问先生晚饭吃什么，先生竟不客气地说："跟你结婚这么久了，我爱吃什么你还不知道吗？"

先生下班回来看到太太抱着孩子沮丧地坐在客厅里，便过去关心地问："心情不好吗？"没想到太太却生气地说："你怎么到现在才回来？"

这些人都是自己不顺心，却把气撒到了无辜人的身上，这就是迁怒。当一个人心情不佳时，通常情况下会影响到他对待外界的态度，比如恐惧、暴躁、动怒、怀疑、冷漠，这些情绪都可能伤害到周围的人。

把自身承受的压力与疼痛的刺激转移给身边的人，在某种程度上可以影响周围的人。宣泄一定的情绪以达到自身的心理平衡，这样做有利于自身的身体健康。同时，却可能促成自己自私的思维习惯，所以是不可被理解的。

要知道，身边的人都是要用爱与关怀去对待的家人、朋友和伙伴，通过迁怒的方式让他们来分担自己的坏情绪，对于所有人来讲，是不公平的，也是不可理解的。说到底，迁怒别人受害最大的是自己。

有这样一个故事：张女士的老板因工作上的事心情不好，刚好张女士进去老板办公室递交文件，老板正在火头上，三下两下地看了资料之后就对张女士发了一通火，说她根本就没有用心搜集资料。

张女士就觉得委屈了，这些文件可是她昨天通宵赶出来的啊，老板不认真看也就算了，还莫名其妙地对她发火？刚好，张女士的手机响，原来是她男朋友打电话过来，心情不好的她拿起电话就开骂："你是不是没事干啊，不知道我在上班吗？难道要我养你一辈子啊？"

张女士的男朋友莫名其妙地也被骂了一顿，他本来是一名业务人员，前两天出差时帮着抓小偷扭伤了脚，请假在家休息，早上女朋友出门的时候叫他买菜说中午回家做饭吃，但是要买什么菜得先打电话跟她商量。于是，就有了刚刚那通电话。

张女士的男朋友很生气地走在大街上，他打算去餐厅好好地吃一顿，不管女朋友了。走着走着碰巧走到张女士单位门口，看到路上有一只流浪狗，就狠狠地踢了它一脚。正在寻找食物的流浪狗被踢出了老远，痛得"嗷嗷"直叫。这时张女士的老板正从公司里走出来，流浪狗跳起来，狠狠地咬了他一口……

这个故事说明了一个道理"迁怒的结果最终还是伤害了自己"。老板迁怒张女士，张女士迁怒男友，男友迁怒流浪狗，流浪狗迁怒于毫不相干的路人，正巧那路人就是那可恨的老板。一环紧扣一环，就像绕圆跑，从起点又回到了起点。

于是我们想起了一句话："生气是拿别人的错误惩罚自己"。

人有时是无法不生气的。生气了能做到不迁怒于别人就很了不起了。其实骂人的老板是最无能的，如果，一切问题都能用骂来解决，那么泼妇就是最厉害的人。

被骂者一般都是不服气的，内心充满逆反。当这种逆反积聚到一定程度时，自然会寻求出口，于是就觉得很烦，于是就迁怒。有些事情，事后常常会觉得完全没有理由发火的，所以就有退一步海阔天空的说法。但忍字头上一把刀，能忍就说明难得。忍让不是无能，不是屈辱，是一种休养，是一种品德。

有位父亲下班回家，一进门就看到十多岁的女儿正在用他的工具修理东西，工具散落一地，客厅凌乱不堪，他禁不住便破口大骂。聪明的女儿在收拾干净后跑来拥抱他，然后问："爸爸，你今天在办公室里一定遇到不愉快的事了，是吗？"

这位懂事的女孩了解老爸的怒气不完全是针对自己，很可能是老爸因为别的事受伤了，因此并没有情绪反应，反而安慰爸爸，这是极大的智慧。

无论一个社会多么公平，个体之间总有尊卑、智愚、贫富、强弱等诸多的差别，而且几乎没有一个幸运儿会在所有的方面都比他人优越。由于普遍的社会矛盾和人性的弱点，每个人都会受到他人有意无意地愚弄、非礼、侮辱甚至强暴。

冒犯者又往往比被冒犯者强大，因此被冒犯者出于自我保护的现实不得不把怨愤之气暂时隐忍下来，转而把本该还施其人的怒气发泄到比自己更弱小的个体身上。但更弱小的个体同样会把怒气转嫁他人，最后的受害者常常是最弱小者自己的妻子或儿女，他们会无缘无故地遭到丈夫或父亲的打骂。

但整个"迁怒之链"并未至此终止。在孩子的世界里，迁怒也遵循与成人相似的轨迹在蔓延和传递，进而当这些孩子长大之后，又会把其他老人甚至父母当作迁怒的目标。于是，这股乖戾的迁怒之气终于在相摩相荡、薄积厚发中，进入了恶性循环。

迁怒加剧了社会的每一时代、每一个个人的不幸，迁怒使人间失去了很多的欢乐，使很多的家庭失去了原本的温馨，几乎所有的烦恼和不幸，都由迁怒而起，或由迁怒加剧以至不堪收拾。

一个人在多大程度上能做到据理力争、恩怨分明、保持尊严、维护人格，他就可能在多大程度上跳出"迁怒之链"，这样他既有力地遏制了强梁者的作恶，也有效地增进了人间的祥和，家庭的温馨。加强自身的道德修养，使自己拥有了一个平和的心。

对于我们来说，已经受了委屈，或者情况已经很糟糕了，最好的办法是去化解自己内心的不平衡。别把坏情绪传染给别人，那只会造成更坏的结果。总之，我们做人做事，要尽量注意不迁怒。

盲目比较导致心理失衡

为什么父母喜欢大哥而不喜欢我？为什么老师特别照顾那个同学而对我不理不睬？为什么同事们都那么悠闲而我这么忙碌？为什么他的地位比我高？为什么他挣得比我多？……有了这么多的为什么，我们怎么能不生气呢？

人的一生中有许多的不如意，因此我们才会生气。当我们查找原因时才发现，生气大多源于比较。一味地、盲目地和别人攀比，就会造成心理的极端不平衡。

孙膑和庞涓是同学，都拜鬼谷子先生为师，一起学习兵法。同学期间，两人情谊深厚，并结拜为兄弟，孙膑稍年长，为兄，庞涓为弟。有一年，当听到魏国国君以优厚待遇招求天下贤才到魏国做将相时，庞涓再也耐不住深山学艺的艰苦与寂寞，决定下山，谋求富贵。

在魏国，庞涓的聪明才智得到了发挥，很受魏王的器重。后来魏王听说孙膑也很有才能，于是就把孙膑也招到了魏国。通过与孙膑的谈话，魏王知道孙膑的才干要在庞涓之上，于是就把他留下做魏国的军师。

庞涓听说了魏王与孙膑的谈话后，心里吃了一惊，自己的才能与孙膑比起来差得太多了，而且，魏王还让孙膑做军师，担心今后自己将没有出头之日了。为此，庞涓很是恼恨孙膑，于是想方设法除掉孙膑。

孙膑想尽一切办法逃避庞涓的迫害,却还是被挖去了膝盖骨。最后孙膑通过装疯才逃回他的祖国齐国,被齐国将军田忌任命为军师。后来,庞涓在与孙膑的争斗中被射死在桂陵。

庞涓的才能已经足够大了,但当他与孙膑作比较时发现自己还差得很多。于是,他的心理不平衡了,开始恼恨嫉妒孙膑,并多次谋害孙膑都未成功,最终丢了自己的性命。

人的一生,就像一趟旅行,沿途中有数不尽的坎坷泥泞,也有看不完的春花秋月。如果我们的一颗心总是被灰暗的风尘所覆盖,干涸了心泉、黯淡了目光、失去了生机、丧失了斗志,那么,我们的人生轨迹岂能美好?

而如果我们能够打开心灵的窗户,保持一种健康向上的心态,即使我们身处逆境,四面楚歌,也一定能看到窗外的美景。

有两个重病病人同住在一家大医院的小病房里。房子很小,只有一扇窗户可以看见外面的世界。其中一个病人的病床靠着窗,每天下午他可以在床上坐一个小时。另外一个病人则终日都得躺在病床上。

靠窗的病人每次坐起来的时候,都会描绘窗外的景致给另一个病人听。从窗口可以看到公园的湖,湖内有鸭子和天鹅,孩子们在那儿撒面包片,放模型船,年轻的恋人在树下携手散步,在鲜花盛开,绿草如茵的地方人们玩球嬉戏,后面一排树,树顶上则是美丽的天空。

另一个病人倾听着,享受着每一分钟。他听见一个孩子差点跌倒湖里,一个美丽的女孩穿着漂亮的夏装……病友的诉说使他感觉到自己似乎亲眼目睹了外面发生的一切。

然而,时间一长,他的心理不平衡了,甚至愤怒了。他心想:为什么睡在窗边的人可以有独享外头风采的权利呢?为什么我没有这样的机会?他觉得不是滋味,他越是这么想,就越想换床位。他一定得换才行!

某天夜里,终日躺在床上的病人盯着天花板想着自己的心事,靠窗边的病人忽然惊醒了,拼命地咳嗽,一直想用手按铃叫护士进来但是却办不到。终日躺在床上的病人只是旁观而没有帮忙,他感到同伴的呼吸渐渐停止了。第二天早上，护士来时那人已经去世了，他的尸体被静静地抬走了。

过了一段时间，这人开口问，他是否能换到靠窗户的那张床上。护士们搬动他，将他换到了那张床上，他感觉很满意。人们走后，他用肘撑起自己的身体，吃力地往窗外望……

然而他看到的是，窗外只有一堵空白的墙。几天之后，他在自责和忧郁中死去。

因为幻想别人在独享美丽，自己嫉妒而生气。一心沉寂在想要换床的自我意识里，在病友生命垂危时没有给予应有的帮助。而一旦自己达到目的时，结果又是什么呢？

如果这个病人不起恶念，在晚上按铃帮助另一个病人，那么他还可以听到美妙的窗外故事。可是现在一切都晚了，他看到的是什么呢？不仅是自己心灵的丑恶，还有窗外的一堵白墙。

一个人只有心存美的意象，才能看到窗外白墙上的美丽风景。命运对每一个人都是公平的，窗外有土也有星，就看你能不能磨砺一颗坚强的心，一双智慧的眼，透过岁月的风尘寻觅到辉煌灿烂的星星。

一味盲目地和别人比，容易造成人心理的不平衡，而不平衡的心理使人处于一种极度不安的焦躁、矛盾、激愤的情绪之中。使人牢骚满腹，甚至不思进取。表现在工作上就是得过且过，更有甚者会铤而走险，引火烧身。因此，我们必须保持心理平衡。

以下几点建议，或许是帮你走出心理失衡误区的钥匙：

学会比较。心理失衡，大多是因为选择了错误的比较对象，总拿比自己强的人比，总拿自己的弱点与别人的优点比。如果能够我行我素，不去比较，或者实在要比的话，就和自己处于同一起跑线上的人比较，那生活中会少一些烦恼，多一些笑声。

寻找自信。自信是心理平衡的基础。假如总感到自己某方面不如别人，首先，应相信自己是有才的，只不过是暂时没有发现或是低估了自己的长处而已。当然，自信的前提是自己确有发光点。所以，平时应当练好基本功。

自我发泄。你有权发火，怒而不宣会摧毁肌体的正常机能，导致体内毒素滋生，使人变得抑郁、消沉。适当的发泄可以排除人内心的怒气，可以使人重新鼓起生活的勇气。发泄的方法很多，可以向朋友、家人倾诉，也可以独处时的怒吼，也可以对着某物打上几下等等。就像以前听说过的某人在自己办公室里放了一盆沙子，愤怒时便用力去搓沙子，这样既不害别人也不伤害自己，不失为发泄的一个好方法。

寻找港湾。生活中每个人都需要一个能让自己"充电"、休养的港湾。无聊时去"充电"，烦恼时去放松，就像一只远航归来的帆船一样，在这宁静的港湾及时得到休整。这个港湾可以是一间充满花香的"闺房"，可以是一个深造提高的培训班，也可以是一次独来独往的旅行。

心底无私。命运的主宰是自己，树立自己科学的世界观、人生观、经常思考、反省自己的所作所为，自重、自省、自警、自励。心底无私天地宽，只要做好自己就是最大的胜利，就能获得最大的安慰。

享受生活。生活是美好的。命运虽然有时候会和人开个玩笑，让人跌上一跤，但说不定在让你跌倒的时候，同时也会放一个金元宝在地上等着你去捡。学会体会生活的美丽，学会享受自然的恩赐，学会欣赏别人的优点，也学会欣赏自己的长处。

献出爱心。拾到一个钱包，与其想要占有这个钱包而整天提心吊胆，心神不宁，不如做件好事，把钱包还给失主或是交给警察。为别人献出一点爱，心中会有更多的爱。

回归自然。大自然如同母亲的胸怀一样博大，如同上帝的施舍一样慷慨。当您烦闷的时候不妨到外面走走，回归自然。看看蔚蓝色的天空，洁白的云朵，听听潺潺的流水、婉转的鸟鸣，心灵会慢慢趋于平静，快乐会不经意间涌上心头。

第三节 理性地调控情绪

小不忍则乱大谋

《孙子兵法》指出:"主不可以怒以兴师,将不可以愠而致战,合于利而动,不合于利而止。"孙武认为,国君不可以因一时的愤怒而兴兵打仗,将帅不可凭一时的怨愤而与敌交战,因为一个人愤怒过后可以转变为高兴,怨愤过后可以转变为喜悦,但国家灭亡了就再也难以恢复了,人死了就再也无法复活了。一切都要以是否有利为转移,合于利则动,不利则止,这才是理智的行为。

三国时期,蜀国名将关羽败走麦城,被东吴擒杀。张飞闻讯,悲痛欲绝,严令三军赶制孝衣,为关羽戴孝,逼得手下将官无奈,最后铤而走险,将其刺杀。

刘备为报东吴杀害关羽之仇,举兵伐吴。诸葛亮、赵云等人苦苦相谏,都无济于事。这时的刘备已完全失去了理智。结果被吴将陆逊一把火烧得溃不成军,数万军士丧生,刘备本人带着残兵败将退归白帝城,羞愧交加,一命呜呼。蜀军从此一蹶不振了。

而与刘备张飞相反的是,一个人因为能忍常人所不能忍,最后获得了成功,他就是司马懿。

司马懿多谋善变,遇事极为冷静,从不为自己的情绪所左右。公元231年,诸葛亮兵出祁山伐魏。司马懿知道蜀军远来缺粮,求战心切,加之诸葛亮足智多谋,难以对付,于是据险扼守。

诸葛亮求战不能,果然引兵退回。魏将张郃请求截击蜀军后路,司马懿不允,只是尾随观察。到达祁山后,诸将纷纷请战,司马懿登山修寨,依然不允。众将当面指责他畏蜀如虎,他不加理会。

5月,众将向司马懿施压,伺机进攻蜀军,结果战败,只得退守营寨。6月,诸葛亮退军,张郃追击,结果中伏身亡。面对诸葛亮咄咄逼人的进攻,司马懿从来不与争锋,甚至在诸葛亮赠送他妇人首饰羞辱他时,他也欣然接受,忍辱负重,仍旧按兵不动。无奈的诸葛亮终于在壮志未酬的忧伤中死去。失去诸葛亮的蜀国,再也无法对魏国构成严重威胁。

由此可见,是否能理智地处理事情,有时就是事情成败的关键。大事是这样,小事也是这样。不光如此,司马懿在权力上的争斗也善于使用"忍"字。

魏明帝死后,太子曹芳即了位,就是魏少帝。曹爽当了大将军,司马懿当了太尉。两人各领兵三千人,轮流在皇宫值班。

曹爽手下有一批心腹提醒曹爽说:"大权不能分给外人啊!"他们替曹爽出了一个主意,用魏少帝的名义提升司马懿为太傅,实际上是夺去他的兵权。接着,曹爽又把自己的心腹、兄弟都安排了重要的职位。

对此,司马师和司马昭气得哇哇叫,准备带领人马去攻打曹爽。而司马懿看在眼里,却装聋作哑,一点也不干涉曹爽的做法,并且向魏少帝上表说自己年纪老了,又浑身是病。从此不再上朝了。

曹爽听说司马懿生病,正合他的心意。但是毕竟有点不放心,还想打听一下司马懿是真生病还是假生病。他派心腹李胜到司马懿家去探探情况。

李胜到了司马懿的卧室,只见司马懿躺在床上,旁边两个使唤丫头伺候他吃粥。他没用手接碗,只把嘴凑到碗边喝。没喝上几口,粥就沿着嘴角流了下来,流得胸前衣襟都是。李胜跟他说话的时候,他也说得颠三倒四,时不时还拼命地咳嗽。

曹爽听了李胜的报告后,甭提有多高兴了。从此后,他就对司马懿放松了警惕。后来,魏少帝曹芳到城外去祭扫祖先的陵墓,曹爽和他的兄弟、亲信大臣全跟了去。司马懿既然病得厉害,当然也没有人请他去。

哪儿知道等曹爽一帮子人一出皇城。太傅司马懿的病就全好了。他披戴起盔甲,抖擞精神,带着他两个儿子司马师、司马昭,率领兵马占领了城门和兵库,并且假传皇太后的诏令,把曹爽的大将军职务撤了。以后,司马懿成了魏国的实际掌权者。

在现实生活中，人们因一时的矛盾，头脑发热，失去理智，酿成惨祸的事实，屡见不鲜。总而言之，恰当的理智，适宜的克制，合适的行动，是人们做事时智慧的表现。

在一些人办公桌的玻璃板下或床头上常常可以看到"制怒"二字，意在提醒自己不要发火。在这个问题上，严格要求自己，加强思想修养是非常必要的。

清朝的林则徐官至两广总督。有一次，他在处理公务时，盛怒之下，把一只茶杯摔得粉碎。但他猛抬头，看到墙上挂着的牌匾上自己的座右铭"制怒"二字，意识到自己的老毛病又犯了，立即谢绝了仆人的代劳，自己动手打扫摔碎的茶杯，表示悔过。

林则徐虽然有时控制不住自己的情绪，但随时注意克服，知错就改，这一点也非常难得。

有人认为和颜悦色、忍让无争、宽恕容忍与从不恶言厉色，就是十足的懦夫行径，殊不知这样的人才是真正具有大智、大仁、大勇的人物。

有人更认为凡事忍耐、含垢受辱、承认过错及接受责罚便是懦夫，事实上，在衡量自身条件尚无绝对必胜把握时，暂时的忍辱负重是必要的。而死不认错，往往是怕负责任，这才是真正的懦夫。

压制住自己的怒火，忍辱负重，可能是解决问题的最好方法。对于做大事者来说，忍辱负重是成就事业必须具备的基本素质。孟子说："天将降大任于斯人也，必先苦其心志，劳其筋骨，饿其体肤，困乏其身。"忍受屈辱是一种能力，而能在忍受屈辱中负重拼搏更是一种本领。小不忍则乱大谋，凡成就大业者莫非如此。

宋人苏轼在《留侯论》中说："古之所谓豪杰之士者，必有过人之节，人情有所不能忍者。匹夫见辱，拔剑而起，挺身而斗，此不足为勇也。天下有大勇者，卒然临之而不惊，无故加之而不怒，此其有所挟持者甚大，而其志甚远也。"

及时宣泄，化解怒火

我们都不喜欢产生愤怒情绪，但我们也都不能免俗地会被周围的人或事来干扰自己的心情。我们还只是俗人一个。所以，关键是如何在这种情绪产生时好好地控制它，不让它泛滥，并影响我们的心智。

当人们心中的怒火升起的时候，简单地压制不是办法，最好的办法是去疏导它们。就像大禹治水一样。让怒火通过一种途径释放出来才是最好的控制。说破来，怒火其实也是一种内在的能量，正确的宣泄甚至可以成为一种动力和力量。

小文是个乖巧、文静的女孩，她知书答礼、善解人意，因此在家中是父母宠爱的宝贝，在学校是公认的"有人缘"，参加工作后与领导、同事相处得也比较融洽。

可是近几个月来，她总是莫名其妙地头疼，到医院作过各种检查均无异常。在医生建议下，她跨进了心理咨询诊室。经过心理医生的帮助，她终于意识到自己为何头疼。

原来，半年前，办公室新调来一个女孩，人很聪明、能干，就是爱拔尖，嘴巴不饶人，说话比较刻薄。一次，两人因为工作上的事发生了一些小摩擦，责任原本各占一半，但是对方嘴巴厉害、嗓门又高，让不知情的人以为小文应负主要责任。

小文感到很委屈、没面子，甚至感到很愤怒。但她所受的教育及一贯的处世方式不允许自己当众与对方争吵，也吵不出来。于是，小文含着眼泪强把怒气压了下去。过了不久，就出现了头疼。

从心理学角度来说，人们适度宣泄长期积压的怒气，可以减轻或消除心理疲劳。把怒气发泄出来比让它积郁在心里要好，这样可以使人变得轻松愉快。

适度地发泄自己的情绪会像夏天的暴风雨一样，能净化周围的空气，能倾吐出胸中的抑郁和苦衷，能缓解紧张的情绪。发泄怒气的方法很多，可以通过各种对话、沟通等发表意见，当然也可以找自己的知己谈谈心，如果有必要的话还可以找心理医生咨询或通过写文章、写信来表达情感。

如果不能奏效，干脆痛哭一场。哭是一种宣泄情绪的好方法。孩子遇到了伤心的事，常常一哭了事。成年人，特别是男子，多以"男儿有泪不轻弹"自居，强忍悲痛而不流出眼泪。其实这样也会危害健康，因为眼泪能帮助排泄一部分有害健康的化学物质。

如何宣泄，也是一门学问。所以，在宣泄的时候，不但要讲究方法，还要把握好分寸。

美国第16任总统林肯如果在外边和别人产生冲突生了气，回到家里就要写一封痛骂对方的信。但第二天当他的家人要为他寄发这封信时，他都会全力阻止说："写信时，我已经出了气，何必还要把它寄出去惹是生非！"

当怒气已经产生并已存在于我们心中时，设法释放与宣泄怒气是比一味压制怒气更为有效的解决方式。

平时与人相处不可能不产生意见、隔阂，当因此而心存怒气时，不妨把心中的不平、不满、愤怒或意见向认为适合的人坦率地全盘托出，把话说清楚，既可泄怒，又可通过批评与自我批评增强彼此间的团结。

另外，当自己不生气时，试着去和经常受你气的人谈谈，彼此听听对方最容易发怒的事，想一个沟通感情的方式，不要生气。或许约定写张纸条，或做个缓和情绪的散步，这样我们便不必继续用毫无意义的怒气来虐待彼此。宣泄怒火可以尝试采用以下方法。

第一种，往外的宣泄。往外的宣泄主要是往外投射。往外投射是指把自己的不良情绪投射到别人或外界的事物上的一种方式，因为投射出去的往往就是被自己压抑下去的东西。如把自己压在内心的怒火通过呐喊宣泄出来等等。

第二种，同化的宣泄。同化是一种深层次的模仿，当人们失去了一些重要的情感时，可以用在内心和别人同化的方法，来缓解内心的怒火达到心理的平衡。如某些人在失恋时，会很恼恨曾经的恋人，而不自觉地模仿其恋人的某些动作，语气、语调、步态等，让身边的其他人觉他有些反常。可能连他自己都不知道，这能缓解他内心的愤怒，所以才无意识地表达出来。

第三种，想象的宣泄。想象是万能的，不管我们在日常生活遇到什么样的事情，只要我们一闭上眼睛，最难的事也能解决，最难的愿望也能实现，如我们想要痛打对方一番，闭上眼睛一想，眼前就会浮现出对方被我们痛打的场面。真正能够做到"心想事成"的只有想象。虽然想象是一种"精神胜利法"，是一种"阿Q"精神，但它确实能使我们暂时地轻松、愉快一下，这就能起到宣泄的作用。

第四种，退化的宣泄。随着一个人的长大，不断地学会了宣泄的技巧，学会了很多应付的手段。但当遇到很棘手的事，我们所学会的应付和宣泄的手段都使不上时，就会不知不觉地退化到小时候的宣泄和应付的方法。例如哭泣，当我们哭出来的时候，就会把内心的愤怒一块儿给哭出来，所以当我们哭完时，就会有一种轻松感。只有情不自禁地流出来的眼泪才能达到宣泄的目的。

想办法转移注意力

当我们愤怒的时候，会做出很多让人难以理解的事情来。直到我们平静下来的时候才发现，自己当时是多么的愚蠢。

一场世界台球冠军争夺赛正在举行，名将路易斯一路领先。突然，他看见一只苍蝇停在主球上，便挥手将苍蝇赶走。可当他俯身击球时，那只苍蝇又飞回到主球上，他只好再一次起身撵走苍蝇。就在路易斯第三次击球时，苍蝇又停到了主球上，观众不由哄堂大笑。

路易斯的情绪糟到了极点，顿时失去理智，愤怒地用球杆去击打苍蝇。球杆碰到了主球，裁判判路易斯击球，他因此失去了一轮机会，这使他方寸大乱，连连失利，而他的对手则愈战愈勇，最终路易斯输掉了比赛。

每个思维正常的人在遇到不痛快的事时，难免要发点脾气。喜怒哀乐，人之常情，无可非议。然而，不知道适当地控制自己的情绪，盛怒之下，容易做出傻事、蠢事。过后连自己都后悔。因此，我们有必要学会一些制怒之法。

《世说新语》记载过王述的故事。蓝田侯王述性格十分暴烈。一次吃鸡蛋时，由于用筷子去叉，一下子没叉住，他的火气就上来了，竟然把鸡蛋掷在地上,用脚去踩,其脾气之躁可想而知。

但他与人相处时,却很注意克制自己的情绪。有一次,另一个名叫谢无奕的性格暴躁的人气势汹汹地骂上门来,大吵大闹,当着王述的手下人说了很多难听的话,下面人都惊呆了。

而王述始终耐住性子面壁而立,一声不吭。谢无奕离去很久,他才转过头来问手下人:"他走了吗?"手下人回答:"走了好大一会儿了。"王述长吁一口气转过身来,继续办自己的事情。

王述的制怒之道很值得我们学习,这种方法就是躲避和转移。

平心而论,一个心智健全的人是绝不会无缘无故地发怒的。每个人发怒都有原因和针对性。这个原因在易怒者眼中是不可忍受的导火索,但另一些人却认为不必或不屑为之动气。所以学会制怒必须从提高自己对外界刺激的忍受力和对外界刺激的客观评价入手。

对付外界的刺激常用的有以下几招,它们都十分管用。前提是我们一定要用对地方。

首先,我们要学会躲避刺激。在日常生活中有很多事可以使人产生愤怒情绪。如果遇到这种情况,要尽量躲开,或暂时回避一下,以免使矛盾激化,这是一种消极的制怒之法。

其次,我们要学会转移刺激。人在愤怒时,往往在大脑皮层中会出现强烈的兴奋点,并且会向四周蔓延。为此,我们要在怒气尚未发出之际,善于运用理智有意识地去转移兴奋中心。比如,有意躲开一触即发的"地雷",即争吵的对象,或发怒的现场,到其他的地方做点与此毫不相干的事,我们的怒火就会慢慢消失。

例如,赶快转换一下思路,听听音乐,唱唱歌,看看报纸,逗逗小猫小狗,等等;或者想象一些轻松愉快的情景,如风和日丽的天气,山清水秀的风景,鸟语花香的感受;或干脆闭上眼睛,什么也不想,从矛盾中逐渐解脱,使我们激动的情绪渐渐平静下来,怒气自然就会烟消云散。

这是因为,当我们转移目标的时候,在大脑的皮层建立了另一个兴奋中心,这样就会减弱甚至抵消原来的兴奋中心,这种办法相对来说要积极一些。

躲避和转移是一种非常有效的制怒之道,需要注意的是,有意躲开"地雷",有意识地撤火,也要讲究方法。其实这种方法并不是想象的那样难,只要掌握一些基本的技巧,我们就可以很好地驾驭自己。

例如,在众多调整情绪的方法中,我们可以先学一下"情绪转移法",暂时避开不良刺激。如把注意力投入到旅游中去,以减轻不良刺激对自己的冲击。

一个高考落榜的男孩,看到同学们接到录取通知书时深感失落,但他没有让自己沉浸在这种不良情绪中,而是幽默地告别好友:"我要放松自己",接着出门旅游去了。风景如画的大自然深深地吸引了他,辽阔的海洋荡去了他心中的郁积,情绪平稳了,心胸开阔了,他又以良好的心态走进生活,更加自信地面对现实。

有人可能不明白,能够转移我们注意力的活动那么多,哪一个才是最有效的呢?我们可以根据自己的兴趣以及外界事物对我们的吸引力来选择,如参加各种文艺活动,与亲朋好友倾谈,阅读研究各种感兴趣的作品,学习、练习琴棋书画等。

总之将情绪转移到这些事情上来,尽量避免强烈情绪的冲击,减少心理创伤,也有利于情绪的稳定。

在我们运用躲避和转移的方法时,关键是要主动及时,不要让自己在消极情绪中沉溺太久,立刻行动起来,我们会发现我们完全可以战胜消极情绪,也唯有我们自己才能担此重任。

遗忘也能抑制生气

你是否曾打电话对朋友说:"我必须要发泄出来。"往好的方面说,发泄就是把积聚于心的愤怒表现出来。而从坏的方面来讲,发泄就像是火山内部物质的突然迸发那样剧烈。暴怒就是这种情况。

但是,把这些熔岩,浓烟和火山炭向着对方发泄出来,就一定能解决问题吗？恐怕这种方式并不能带来人们所期望的那种愤怒情绪的彻底解脱的结果。它只能暂时缓解你的愤怒情绪。有时甚至会有相反的作用，会让愤怒的人更愤怒，让有攻击性的人更有攻击性。下面这一故事，就是最好的说明。

春秋时期，郑灵公在位期间，由公子宋和公子归生辅政。有一天，有人从汉江带回一个大鼋，献给灵公。灵公命屠夫炖肉汤招待朝中官员。这时，公子宋对灵公说：我每次食指跳动，总要尝到好吃的东西。今天食指跳动了几下，果然又有好东西品尝了，你看灵验不灵验？

灵公听了，半开玩笑半认真地说：你的食指跳动灵验不灵验，这一次还得由我决定！于是，他暗中吩咐屠夫，如此这般，屠夫心领神会，含笑而下。到了品尝鼋肉的时刻，郑灵公命令诸臣按官职大小，依次坐定。公子宋位居第一，洋洋自得，等着品尝。

郑灵公却突然宣布，今天赏赐从最下席开始，公子宋变成了最后一个，他明知道这是灵公拿自己开心，又找不到反对的理由，只好压住火气，耐心等待。

大臣们一个个得到了赏赐的鼋羹，纷纷称赞，眼看只剩下公子宋一人了，公子宋眼睁睁地等着屠夫呈上来鼋羹。谁知，这时屠夫向郑灵公报告说，鼋羹没有了。在众臣面前受到如此冷落和戏弄，公子宋真是怒火中烧。

目睹公子宋的窘态，郑灵公开心极了，哈哈大笑，指着他说：我本来是命令遍赐君臣的，谁料想却偏偏到你这儿即没有了。看来，这是你命里注定不该吃鼋肉啊。你看你的食指跳动要吃好东西的说法哪一点灵验呢？

听了此话，公子宋恍然大悟，原来这一切都是郑灵公捣的鬼啊！他这时已经完全失去了理智。为了挽回面子，遂不顾君臣之礼，突然起身走到郑灵公面前，将手探入郑灵公面前的鼎中，捏了一块鼋肉，放进口中，对郑灵公反唇相讥道："我现在已经尝到了鼋肉，食指跳动哪一点又不灵验呢？"

说罢，不辞而别。公子宋的言行，深深地激怒了郑灵公，他当着众臣的面，愤愤地说："公子宋也太无礼了，他眼中还有我这个君主吗？难道郑国就没有刀斧能砍掉他的脑袋不成？"众臣吓得纷纷跪倒在地，连连规劝，郑灵公仍愤愤不已。

　　一场盛会就这样不欢而散。从此，郑灵公与公子宋结下了仇恨。公子宋因惧怕郑灵公找借口除掉自己，干脆一不做，二不休，先发制人，在这一年的秋天派人刺杀了郑灵公。

　　两年之后，郑灵公之弟追查公子宋指染君鼎之罪，将公子宋杀掉，暴尸于朝，尽诛其族。君臣二人因一件小事而发泄自己的怒火，导致反目成仇，最后双方都死于非命，实在令人叹息。

　　有一个动不动就生气的人，觉得生活很沉重，便去见哲人，寻求解脱之法。哲人给他一个篓子背在肩上，指着一条沙砾路说："你每走一步就捡一块石头放进去，看看有什么感觉。"那人照哲人说的去做了。哲人到路的尽头等他。过了一会儿，那人走到了头。

　　哲人问他："有什么感觉？"那人说："越来越觉得沉重。"哲人说："这也就是你为什么感觉生活越来越沉重的道理。当我们来到这个世界上时，每人都背着一个空篓子，有的人每走一步都要从这世界上捡一样东西放进去，所以才有了越走越累的感觉。如果你想过得轻松些，你就要学会舍弃一些不必要的负担。而你的愤怒就是你最大的负担，要想快乐，你必须学会忘记愤怒。"

　　在生活中学会忘记愤怒，我们便能生活得更加幸福。世界由矛盾组成，任何人或任何事情都不会尽善尽美。一个人的一生中，不可能没有挫折和坎坷，甚至还会发生一些不幸的事情。学会遗忘，并且能够换一个角度看问题，失望就会变成乐趣，抑郁就会升华为一种欢悦。

　　北宋名臣范仲淹，人们都知道他以"先天下之忧而忧，后天下之乐而乐"的胸襟而光耀史册，但人们也许不知道，他还是个善于忘记愤怒的人呢！

　　公元1036年，范仲淹任吏部员外郎。当时，宰相吕夷简执政，朝中的官员多出自他的门下。范仲淹上奏了一个《百官图》，按着次序指明哪些人是正常提拔的，哪些人是破格提拔的；哪些人提拔是因公，哪些人提拔是因私。

　　范仲淹建议：任免近臣，凡超越常规的，都不应该完全交给宰相去处理。

吕夷简大怒,认为范仲淹过于狂妄放肆,就把范仲淹贬为饶州,即今江西上饶任知州。范仲淹也很气愤,简单收拾一下行李就赴任去了。

事情过去了几年后,即公元1040年,西夏王李元昊率兵入侵,范仲淹被任命为陕西经略安抚副使,负责防御西夏军务。

宋仁宗以为范仲淹还会生吕夷简的气,想让二人和好,就下谕让范仲淹不要再纠缠和吕夷简过去的不愉快的事。范仲淹说:"我过去议论的都是关于国家的大事,对吕夷简本人并没有什么恼恨。以前的事我早就忘了。"

吕夷简听说后,深感愧疚,连连说:"范公胸襟,胜我百倍!"

我们在成长的过程中,肯定会遇到很多的烦恼和不愉快,这是不可避免的,但是,在遇到烦恼和不愉快以后,我们究竟应该以什么样的态度对待它呢?是一直被这个烦恼所困扰,整日沉浸在痛苦中?还是忘掉它,把烦恼和不愉快抛到脑后?我想,大多数人可能会选择后者。

未来总是美好的,为以前的错事而终日恼怒,对现在不会有任何好处。同样,保存着以前的烦恼,也无济于事。所以,对所有的不愉快和烦恼都要在心中划定一个界限,过去后就忘掉它们,让它们统统作废。

随着生活节奏的加快和生活方式的不断更新,各种不顺心的事儿更多了,人们是愤怒地喊叫还是把它们丢到一旁?为了使疲惫的机体能够张弛有度,我们学会遗忘是必不可少的。

其实,生活中有很多的事情不需要大家牢记,就像是同事间的无端摩擦、邻里之间的细微纠纷、恋人间的情感波折、夫妻间的小小口角等等,大可不必放在心上。当如烟的往事搅得我们心烦意乱,给我们带来种种困扰的时候,我们就会感觉到遗忘确实是一剂良药。

一生中,能让我们珍惜的东西也许并不多;一生中,有些往事也许是我们无法遗忘的。可是,生活的航船永远向前行驶,痛苦、欢乐、奋斗的人生永无尽头。我们不能总活在过去,前面还有很多事情等着我们去完成。

时间不会倒流,更不会停留。生活就是一个过程,就像大自然有春夏秋冬一样从容,一样简单,一样自然。有句歌词讲:"昨天毕竟短暂,明天才是永远。"

是啊,昨天已成为历史,回首过去或许可以激励人们奋发向上,但这只是其中的一个很小的因素。假如说,明天是一幢高楼大厦,今天就是决定那大厦寿命的基石。让我们珍惜今天的一分一秒,把这大厦的基石打得无比坚实。世间最宝贵的是今天,最易丧失的也是今天。愿我们在未来的每一天,都珍惜每一个今天。

学会遗忘,可以使一个原本不快乐的人变成快乐的人;可以使一个原本对人生失去信心的人重新找回自信;可以使一个原本存有轻生念头的人重新扬起生活的风帆,敢于同厄运抗争;学会遗忘可以使快乐在脑海里常驻,欢乐在记忆里永藏,我们要把忧郁的过去驱逐出去,使生活变得丰富多彩,多一些欢声笑语,少一些唉声叹气!

当我们遇到不愉快的事情时,如果你不去过分计较,它会很快在你的生活中消失。遗忘过去并不意味着遗忘我们的全部记忆,而是要遗忘过去对自己没有意义的事情。一味沉浸在过去的影子里的人,未来必定不会属于他们。无论是阳光灿烂还是阴雨连绵,无论是瑞雪纷飞还是狂风呼啸,都要永远抓住今天!

该遗忘什么,该留下什么,一定要清楚,我们活着不能与草木同腐,不能醉生梦死,虚度人生,一定要有所作为。只有这样,等待我们的才会是光辉灿烂的明天!

每个人都希望自己快乐一点,洒脱一点。可是放眼四周,却常常发现有人说自己并不快乐。为了某些名和利,我们常常将自己弄得疲惫不堪;也常常将他人对待自己的种种误解沉潜于心,将别人的轻视耿耿于怀。

于是,本打算给自己营造一个浪漫温馨的天地,却不料最终给自己套上一个又一个精神枷锁,心灵上的那片蓝天在不知不觉中抹上灰色,并伴随着成长的足迹深植于心,总是在不经意中折磨摧残着自己。

这时我们需要一点遗忘的精神。我们不妨到大自然中去体味事物本身的神韵,从而净化我们的心灵,释放我们的所有悲苦,遗忘我们应该遗忘的东西。

遗忘在某种程度上也是一种宽容的体现。也许我们没有获得人生中所谓的辉煌，也许我们遭受了不应有的嘲讽和轻视，这时我们不必为此而苦恼，我们应该潇洒地将它们忘个干净。

因为我们若是被这些闲言碎语所羁绊，就永远不能获得成功的人生。每个人的心灵都需要一个角落去反思自我，在这个空间里，把握好遗忘可让你感受到原有的空间会恢弘了许多。烦琐、琐碎将像飘浮物一样远离我们而去，沉淀下来的是我们对生活智慧的领悟。

我们总会遭遇到挫折和失败，情绪的平衡因此也会受到破坏，假如把什么都闷在心里，久而久之难免会得忧郁症。其实，合理宣泄能够疏导我们心中的怨气，化愤怒为动力，能让我们尽快地走出阴影，轻松愉快地过好每一天。

学会适当释放怒气

发怒是人对某种需求、欲望、期待等没有得到满足而表达出来的不满。发怒经常被人误解，将它与敌视和暴力混为一谈。其实它是一种有益的和必要的情感流露。

发怒提示我们：我们所期待或者保有的满意感遇到了障碍，它会发动整个机体的力量去战胜这种障碍。发怒还会让我们意识到问题的严重性，及时采取自我保护措施，并让周围的人明白你忍耐的底线，这样可以保护好自己的利益和价值。

法国《健康》杂志有一期的文章中称："发怒并不是一件坏事情。"若处理得当，它不但不会对我们的身体造成危害，还会帮助我们应付各种问题。

发怒的自我表达往往与从小受到的家庭和学校教育有关。随着年龄的增长，孩子渐渐学会控制自己的感情。家长应该给孩子一个相对宽松的环境，让他们也有释放怒气的机会。

另外，还要教他们学会控制发怒，但这并不意味着对不满意不做任何反应，而是找到取代发怒而又能解决问题的合适途径。控制发怒并不会对身心造成伤害，因为它会让怒气慢慢地消失。

每个人对事情总有自己的观点，有时对家长里短产生一些不满也是正常的。所以"偶尔生气一次也是好事"，这样就可以把心里的不满发泄出来，释放一下心中的郁闷，让身心轻松不少。当然，经常生气则会伤肝损肺，对身体有害。就是说，任何事情过度了都是不好的。

一般来说，不管是年轻人还是老年人，在生活中这也看不惯，那也不满意，动不动就生气、发脾气、闹情绪，都是很不好的。它不仅消耗精力，影响身心健康，同时还说明我们定力的不够，少谋寡断，不善于处理问题。

然而，我们对任何事情的认识和态度，都不能一成不变绝对化，"生气"也是这个道理。就是说，在多数的平常的情况下，不应生气动怒，应保持好心情。但在特殊的时候和特殊问题面前，"偶尔生气一次也是好事"。

美国加利福尼亚大学的心理学家最新研究结果证实，适当生气可以让人的思维更清晰。若处理得当，不但不会扭曲人们的思维，还会在你陷入两难无法抉择时，给予适当帮助。

心理学家设计了三个不同的试验，来观察人在生气后的判断力都会受到怎样的影响。在第一个试验里，研究人员将试验者随机分为两组，然后激怒其中一组试验者，而另一组不做任何处理。

随后，要求两组受试者就一份相同的论证材料进行分析，对论点做出判断。结果发现，生气的受试者对待问题更具识别力，更倾向于强有力的论点。相反，那些不生气的受试者对此却缺乏很好的分析判断能力。

接下来，研究人员对两组受试者又进行了第二轮试验，要求他们对刚才所给材料的论证机构进行判断。结果表明，生气的受试者在此问题上亦具有更好的分析能力。

经过以上两轮的试验，研究人员挑选出那些不太善于做出理性抉择的受试者，采用不同的论证材料进行了第三次试验。结果再一次证实，生气可以使一个典型的缺乏逻辑判断力的人更具有理性。

因此，研究人员得出了结论，适当生气更易使人注重事实真相，而忽略那些可能会干扰人们分析的不相关因素，同时也会调动整个机体的力量，激发人们采取正确行动的潜力,从而有效地提高分析判断能力。

在现实中,"偶尔生气有利于聪明才智的发挥"的例子也的确存在。"愤怒出诗人",气出来的《陋室铭》就是一个例证。唐代大诗人刘禹锡写的《陋室铭》全文81个字,字字珠玑。但许多人可能不知道,这篇名作是刘禹锡一气之下挥笔写成的。

贞元九年(公元793年),刘禹锡中进士后,官至太子宾客,加检校礼部尚书,可谓官运亨通。后来因他参加王叔文的永贞革新运动,得罪了当朝权贵宠臣,被顺宗皇帝贬至安徽省和州当通判。

按当时地方官府的规定,他本应住在衙门三间三厦的官邸。可是,和州的知县是个势利之徒,他见刘禹锡贬官而来,便多方刁难,先是安排他住在县城南门,不久,又要他搬至北门,由原先的三间屋缩小到一间半,不久又要他搬居城中。

半年之间,连搬三次家,住房一次比一次小,一次比一次简陋,全家老小根本无法安身,刘禹锡觉得这县官欺人太甚,气不打一处来,于是愤然提笔写下了《陋室铭》一文,并请大书法家柳公权书碑勒石,立于门前,以示"纪念",一时轰动了朝野。

以前我们常被告知,生气时容易失去理性,从而减弱对事物的判断力,因此千万别在此时做出决定。但研究结果表明,生气会使人们更加注重实际情况,排除不必要的干扰,因而可以帮助人们,尤其是平素缺乏理性思维的人做出更好的抉择。

我们从小受的教育都是不能生气的。想想看是不是这样的?小时候,每当我们噘起嘴巴表达自己的不满时,大人们就会哄我们,别生气哦,生气就变成五八怪了!长大后,每当我们眉头紧蹙流露出自己的不满时,周围人又会劝解我们,别生气,生气伤身哪。

于是,很多时候,我们尽管气蕴丹田,怒行六脉,咬碎了牙齿我们也忍着,不敢发作。但可怕的是,有气不发对身体更是不利。

不生气是不可能的,而总是生气也是不好的,因此我们要学会"偶尔生气"。偶尔生气就是要少生气，不能多生气，更不能常生气。但怒不可遏的时候，该生气就生气。生气要从效果出发，如果有利于发泄不良情绪，或者有利于把事情办好，并能带来身体的健康，那就发发火，在"度"的范围内生生气。

妙用怒气，提升自己

生活中的不如意事十有八九，与其大动肝火不如冷静地想一想，为什么我们的生活会不如意，为什么我们会生气？

有一个在一家国际贸易公司工作的人很不满意自己的工作，他愤愤地对朋友说："我的上司一点也不把我放在眼里，真让人气愤，我时常想哪一天我会跟他大吵一回，然后辞职不干。"

朋友问他："你对那家贸易公司的情况完全弄清楚了吗？对于他们所做的国际贸易的窍门完全搞通了吗？""没有！"他回答说。

朋友继续说道："君子报仇十年不晚，我建议你好好地把他们的一切贸易技巧、商业文书和公司组织完全搞通，甚至连怎么修理复印机的小故障都学会，然后再辞职不干。"他的朋友建议，"你用他们的公司，做免费学习的地方，等什么东西都通了之后，再与你的上司吵架，然后一走了之，不是既出了气，又有许多的收获吗？"

那人听从了朋友的建议，从此便默记偷学，甚至下班之后，还留在办公室研究商业文书的写作方法。

一年之后，那位朋友偶然遇到他问道："你现在对公司的业务大概多半都学会了，可以准备拍桌子不干了吧！"

"可是我发现近半年来，老板对我刮目相看，最近更是委以重任，又升官、又加薪，我已经成为公司的红人了！"

"这是我早就料到的！"他的朋友笑着说："当初你的老板不重视你，是因为你的能力不足，却又不努力学习；而后你痛下苦功，勇于担当，当然会令他对你刮目相看。只知道生上司的气，却不反省自己的能力，这是人们常犯的毛病啊!"

这个朋友说得没错,我们生活得不如意,我们生气,多是因为我们本身存在很多的缺点。在我们改正了自己的缺点,弥补了不足之后,一切都会好起来的。

很多时候,我们的怒火并不是因为别人做错了什么,而是因为我们自己有问题,因为别人忍无可忍才向我们发火。

张飞在阆中镇守,闻知关公被害,且夕号泣,血染衣襟。诸位将领以酒劝解,张飞酒醉后,怒气更大。帐上帐下,只要士兵有过失就鞭打他们,以至于多有被鞭打至死的。刘备知道后,就劝他,你鞭打士兵,还让这些士兵随你左右,早晚都要被祸害的。对待士兵,平常应该宽容。

有一天,张飞下令军中,限三日内制办白旗白甲,三军挂孝伐吴。第二天,帐下两员将军范疆、张达,入帐告诉张飞:"白旗白甲,一时无可措置,须宽限才可以。"

张飞大怒,喝道:"我急着想报仇,恨不得明日便到逆贼之境,你们怎么敢违抗我作为将帅的命令!"就让武士把二人绑在树上,每人在背上鞭打五十下。打完之后,用手指着二人说:"明天一定要全部完备!如果违了期限,就杀你们两个人示众!"打得二人满口出血。

二人回到营中商议。范疆说:"今日受了刑责,让我们怎么能够筹办?这个人性暴如火,如果明天置办不齐,你我都会被杀啊!"张达说:"如他要杀我,不如我杀他!"范疆说:"只是没有办法走近他。"张达说:"我两个如果不应当死,那么他就醉在床上。如果应当死,那么他就不醉好了。"

二人商议停当。张飞这天夜里又喝得大醉,卧在帐中。范、张二人探知消息,初更时分,各怀利刃密入帐中,就把张飞给杀了。当夜,拿着张飞的首级,逃到东吴去了。

张飞是一员猛将,然而死于小人之手。我们在为他感到叹惜的时候,有没有想到他为什么会被小人所害?

是因为他自己的缺点,关羽死后,张飞有理由愤怒。但是,惹他愤怒的是东吴的人而不是自己的部下，他应该把这股怒气转化为一种力量，抓紧时间操练自己的人马，团结一切可以团结的力量，积极备战为关羽报仇，而不是天天喝酒打骂部下。

可见，光知道愤怒而不及时发现自己的缺点，最终受到惩罚的会是自己。别人向我们发火，或是我们自己生气都是有原因的。如果是自己的原因，我们就要及时改正，努力提高自己，这才是正确的化解怒火之道。

在别人发火的时候，我们不应当针锋相对，而应找找自己的原因。如果确实是自己的问题，就要努力改正。之后，我们就会理解别人当初为什么那样对待我们。有了这种思想以后，我们就会善意地对待别人对我们的态度。

当我们以善意对待身边人、身边事时，我们的周围也会反射出这种善良之光。举例来说，我们现在的工作不是自己所情愿，怎么办呢？

有项调查报告指出，最不快乐的人，是那种学非所用的人，艺术家教心理学，工艺师教化学。

这时，我们不妨走另一条道路，即尝试一下将自己的缺点与我们的工作联系起来看是否有共同之处。也许它会让我们有意外的收获呢。

检讨的方法是：先把那些会令别人或我们自己不悦的情况列下来，再想一下我们的反应对自己、对周围环境以及对周围的人到底会有什么影响呢？到底有哪些事是会令你愤怒或害怕，或是你会想要掩饰不愿让人发现的，统统都把它们记在纸上。

在列出了所有的项目之后，请仔细研究一番，问问自己，到底我们的反应对自己会不会有什么不良的后果？想想看，如果我们不作任何改变，是否继续这样让自己遇有类似情况就有类似反应，对我们会有好处吗？还是应该把自己这种习惯给彻底改掉？

接下来，我们可以试问自己，到底怎么样的反应是我们比较希望有的？

尝试着自己把它们都一一写下来。在心里面大致对每种情况都有个谱，不断地练习，让自己有正面的反应。

把生气转化为动力

在现实生活中,我们总会遭遇到挫折和失败,情绪的平衡因此也会受到破坏。假如把什么都闷在心里,久而久之难免会得忧郁症。其实,合理宣泄能够疏导我们心中的怨气,化生气为动力,能让我们尽快地走出阴影,轻松愉快地过好每一天。

汽车大王亨利·福特曾提到,自己之所以能有如此成就,是缘于在一家餐厅发生的一件小事。当亨利·福特还是一个修车工人的时候,有一次刚领了薪水,兴致勃勃地到一家他一直十分向往的高级餐厅吃饭。却不料,年轻的亨利·福特在餐厅里呆坐了差不多15分钟,居然没有一个服务生过来招呼他。

亨利·福特心里很不愉快。最后,还是餐厅中的一个服务生看到亨利·福特独自一人坐了那么久,才勉强走到桌边,问他是不是要点菜。亨利·福特点头说是,只见服务生不耐烦地将菜单粗鲁地丢到他的桌上。

亨利·福特刚打开菜单,看了几行,耳边传来服务生用轻蔑的语气说道:"菜单不用看得太详细,你只适合看右边的部分(意指价格),左边的部分(意指菜色),你就不必费神去看了!"

亨利·福特很疑惑地抬起头来,目光正好迎接到服务生满是不屑的表情,这一下亨利·福特更加生气。恼怒之余,不由自主地便想点最贵的大餐。但一转念之间,又想起口袋中那一点点可怜微薄的薪水,不得已,咬了咬牙,亨利·福特只点了一个汉堡。

服务生从鼻孔中"哼"了一声,傲慢地收回亨利·福特手中的菜单。口中虽然没有再说话,但脸上的表情却很清楚地让亨利·福特明白:"我就知道,你这穷小子,也只不过吃得起汉堡罢了!"

吃完了汉堡之后,亨利·福特的气并没有消,他很恨这个服务员的市侩。不过,在喝了几口水之后,亨利·福特反倒冷静下来,仔细思考,为什么自己总是只能点自己吃得起的食物,而不能点自己真正想吃的大餐?

亨利·福特当下立志,要成为社会中顶尖的人物。从此之后,他开始朝梦想前进,由一个平凡的修车工人,逐步成为叱咤风云的汽车大王。

在生活中,很多逆境称不上不幸。只有没有能力应付突如其来的厄运,才是最大的不幸。面对厄运你怎么愤怒、消沉、自暴自弃都是无济于事的。相反,如果你能化气愤为力量,那么,你就能成就大事,借厄运之机磨炼意志,扭转不利的局面,成为生活的强者。

我们再来看一个例子。童第周是我国著名的生物学家。他出生在浙江鄞县一个偏僻的山村里。因为家里穷,他一面帮家里做农活,一面跟父亲念书。童第周17岁才进中学。他文化基础差,学习很吃力,第一学期期末考试,平均成绩才45分。校长要他退学,经他再三请求,才同意让他跟班试读一个学期。

第二学期,童第周更加发愤学习。每天天没亮,他就悄悄起床,在校园的路灯下面读外语。夜里同学们都睡了,他又到路灯下面去看书。值班老师发现了,关上路灯,叫他进屋睡觉。他趁老师不注意,又溜到厕所外边的路灯下面去学习。

经过半年的努力,他终于赶上来了,各科成绩都不错,数学还考了100分。童第周看着成绩单,心想:"一定要争气,我并不比别人笨。别人能办到的事,我经过努力,一定也能办到。"

童第周28岁的时候,得到亲友的资助,到比利时去留学,跟一位在欧洲很有名的生物学教授学习。一起学习的还有其他国家的学生。那时旧中国贫穷落后,在世界上没有地位,中国学生在国外被同学瞧不起,他们经常嘲笑这个穷学生,说他是一个笨蛋。童第周很生气,暗暗下了决心,一定要为中国人争气。

那位教授一直在做一项实验,需要把青蛙的卵的外膜剥掉。这种手术非常难做,要有熟练的技巧,还要耐心和细心。教授自己做了几年,没有成功;同学们谁都不敢尝试。童第周不声不响地刻苦钻研,他不怕失败,做了一遍又一遍,终于成功了。教授兴奋地说:"童第周真行!"

这件事震动了欧洲的生物学界。童第周说:"中国人并不比外国人笨。外国人认为很难办的事,我们中国人经过努力,一定能办到。"

生活中总有烦恼，每天的繁忙周而复始，没有人能够逃避挫折和生气。说到生气，气生得大一点就叫愤怒。有人甚至愤怒到找对方理论、打电话把对方痛骂一顿、找人警告胁迫对方，或者干脆以拳头暴力解决。

有些人还会摔东西、捶墙、踢桌子、大吼大叫、暴跳如雷。由此，情绪的平衡完全遭到破坏。当然，假如把什么都闷在心里，久而久之难免会损害身体，影响工作，耽误前程。

因此，光生气是没有用的，关键是我们要争气，把愤怒转化为我们奋斗的力量，那么世上就没有什么事能难倒我们了。

当我们的情绪不平衡的时候，应该合理宣泄，疏导心中的怨气，化愤怒为力量，使自己尽快走出阴影，轻松愉快地投入工作。但并不是人人都会合理宣泄情绪，因为并非人人都能做情绪的主人。在日常生活中，那种大吵大骂、大打出手，甚至一蹶不振的人便是明证。

伤心通常会损害我们的健康。当一个人因生气而情绪激动时，整个交感神经系统都开始运作，造成瞳孔扩大、心跳加快、呼吸急促等等不良反应，甚至有人气得咬牙切齿，全身发抖……人们在这种情况下非常容易意气用事，最后害人害己，从而造成无法弥补的遗憾。

相反，假如我们合理地利用愤怒的能量，把它转化为行动，我们就会获得巨大的动力。生气可以是炸弹，也可以是动力，关键是看我们如何对待。只要摆正心态，什么样的难题都不会难倒我们。

平息怒气，学会宽容

不懂得控制自己的情绪，无缘无故地发脾气，其实这些都是不知道宽容而种下的果子。如果我们懂得宽容，心中自然也就少了一份可能给别人也给自己都带来伤害的怒火。

一个孩子不懂得宽容，常常无缘无故地发脾气。一天他父亲给了他一大包钉子，让他每发一次脾气都用铁锤在他家后院的栅栏上钉一颗钉子。第一天，小男孩共在栅栏上钉了37颗钉子。

过了几个星期，小男孩渐渐学会了控制自己的愤怒，在栅栏上钉钉子的数目开始逐渐减少了。他发现控制自己的坏脾气比往栅栏上钉钉子要容易得多……最后，小男孩变得不爱发脾气了。

他把自己的转变告诉了父亲。他父亲又建议他说："如果你能坚持一整天不发脾气，就从栅栏上拔下一颗钉子。"经过一段时间，小男孩终于把栅栏上所有的钉子都拔掉了。

父亲拉着他的手来到栅栏边，对小男孩说："儿子，你做得很好。但是，你看一看那些钉子在栅栏上留下的那么多小孔，栅栏再也不会是原来的样子了，当你向别人发过脾气之后，你的言语就像这些钉孔一样，会在人们的心灵中留下疤痕。你这样做好比用刀子刺向了某人的身体，然后再拔出来。其实，你只要懂得宽容，这一切都是以避免的。"

社会是人与人组成的，谁都不可以孤立地生活在这个世界上。我们在生活中肯定会遇到与他人之间发生不愉快的时候。我们要检查一下自己，当我们与他人之间发生不愉快的时候，尤其是当我们感受到自己遭遇到不公平的待遇的时候，我们是否会对他人产生敌意呢？我们是否会因此而在心里对他人怀有怨愤之心呢？

首先可以肯定地说，当我们受到了真正的不公平的待遇时，我们完全有理由怨恨他人，因为我们事实上的确受了委屈。可是，如果冷静地想一想，当我们在怨恨他人的时候，自己从中得到了什么呢？实际上，我们所得到的只能是比对方更深的伤害。

忘记对他人的怨愤之心，这是一个智者的做法。如果你还没有学会遗忘和原谅，那么从现在开始，你就应该要求自己，甚至可以强迫自己，不要怨恨别人。

一位德高望重的长老，在寺院的高墙边发现一把座椅，他知道有人借此越墙到寺外。他把椅子搬到了一边，凭感觉在这儿等候。

午夜，外出的小和尚爬上墙，再跳到"椅子"上，他觉得"椅子"不似先前硬，软软的甚至有点弹性。落地后小和尚定睛一看，才知道椅子已经变成了长老,而他跳在了长老的身上,后者是用脊梁来承接他的。

小和尚仓皇离去,这以后一段日子他诚惶诚恐等候着长老的发落。但长老并没有这样做,更没提及这"天知地知你知我知"的事。

小和尚从长老的宽容中获得启示,他收住了心再没有去翻墙。通过刻苦的修炼,慢慢成了寺院里的佼佼者。若干年后,成为这儿的长老。

无独有偶,有位老师发现一位学生上课时常低着头画些什么,有一天他走过去拿起学生的画,发现画中的人物正是龇牙咧嘴的自己。老师没有发火,只是憨憨地笑道,要学生课后再加工画得更神似一些。而自此那位学生上课时再没有画画,各门课都学得不错,后来还成为颇有造诣的漫画家。

宽容不仅需要"海量",更是一种修养促成的智慧。事实上,只有那胸襟开阔的人才会自然而然地运用宽容;反之,长老若搬取椅子对小和尚"杀一儆百"也没什么说不过去的,小和尚可能从此收敛但绝不会真正反省,也就没以后的故事。同样,老师对学生的恶作剧通常是大发雷霆继而是狠狠批评,但也因为方式太"通常"了,就很难取得"通畅"的效果。

宽容是一种高贵的品质、崇高的境界,是精神的成熟、心灵的丰盈。有了这种品质、这种境界,人就会变得豁达,变得成熟。宽容是一种仁爱的光芒、无上的福分,是对别人的释怀,也即是对自己善待。有了这种光芒、这种福分,人们就会远离仇恨,避免危难。

宽容是一种生存的智慧、生活的艺术,是看透了社会人生以后所获得的那份从容、自信和超然。有了这种智慧、这种艺术,面对人生就会从容不迫。宽容是一种力量、一种自信,是一种无形的感召力和凝聚力。有了这种力量和自信,就会胸有成竹,获得成功。

学会宽容,意味着我们不会再为他人的错误而惩罚自己。气愤和悲伤是追随心胸狭窄的影子。生气的根源往往是别人做事侵犯、伤害了自己的利益和自尊心等,于是勃然作色,怒从心起。此种生理反应无疑是在惩罚自己,而且是因为他人的错误,实在不值!

学会宽容,意味着我们不会再心存芥蒂,从而拥有一份潇洒的风采。人类的历史进程中，党同伐异的事不胜枚举。其实，源于人的自高自大的狭隘心理，总以为自己比别人强，对与自己不同的见解、行为，一概排斥、贬低，甚至明枪暗箭，结果自己也弄得神经紧张，终日心事重重。

要知道，宽容地与人相处，也要宽容地接受各种思想意识。想要将自己的思想强迫推销给别人，去改变别人，只会给自己带来烦恼。要培养自己活得自在、也让他人活得舒畅的涵养。

学会宽容，意味着我们不会再患得患失。宽容，首先包括对自己的宽容。只有对自己宽容的人，才可能对别人也宽容。人的烦恼一半源于自己，即所谓画地为牢，作茧自缚。

芸芸众生，各有所长，各有所短。争强好胜超过一定限度，往往受身外之物所累，失去做人的乐趣。承认自己在某些方面不行，才能扬长避短，才能心平气和地工作与生活。

最重要的一点，当我们宽容的时候，我们要知道，我们并不是给那些曾经伤害我们的人带来好处，而是给我们自己的心灵增加自由。

第二章
不计较

在生活中,我们每个人都会遇到这样那样的不如意甚至厄运。此时,假若我们多一些善意,少一些计较;多一些宽容,少一些埋怨,那么生活展现给我们的,就可能是阴霾之后的阳光、新的命运的起点,甚至是厄运之后的幸运。

第一节　不计较付出多少

要舍得全身心地付出

身在职场,学历太低不可怕,从业经验为零也不可怕,甚至能力不够突出还是不可怕……最可怕的是你不舍得付出,不愿意付出。要知道,天上不会掉馅饼,想得到就必须先付出,这是人生恒久不变的真理。

很多人都会羡慕那些已经取得成功的人,但是,千万不要简单地将其归功于运气。如果你有幸亲眼目睹人家所付出的心血和努力,或许你就能深刻体会到成功是多么的来之不易。

就算真有一点运气的成分在里面,那也是上天对他们曾经无私付出所给予的奖励。生活中,越是努力的人,运气就越好;职场上,越舍得付出的人,得到的就越多。

林华涛就是这样一个肯努力付出的人。在短短的三年时间里,他先由普通职员晋升为部门经理,后又被派遣到下属分公司出任总经理。如今,他仍然没有停止付出的努力,始终以超越老板期望值的标准严格要求着自己。

到公司不久,林华涛就注意到,每天所有人都下班回家了,老板却还会留在办公室里工作到很晚。他想,要是老板需要帮忙的话,这么晚了肯定找不到人。于是,他便决定每天下班后都留下来,只为了在关键时刻能帮上老板的忙。

果然,老板办公时,经常需要找文件、打印材料、发传真等,最初这些工作都是他亲自来做。但是这一天,他却意外地发现林华涛没有回家,而是在随时等待自己的召唤。从那以后,老板便逐渐养成了有需要找林华涛的习惯。

要想在工作上得到更多的回报，就必须先准备好不计酬劳地付出。就拿下班后自告奋勇留在办公室、随时等待老板传召的林华涛来说，尽管这些额外的付出并没有给他带来实际的收益，可是能让老板随时看到自己，在需要时给予老板真心诚意的帮助，自然更容易获得老板的青睐，以至于最终有了提升的机会。

所以，在工作中不要过分地计较得失，所谓"功到自然成"，你为公司付出的一切，大家都会看在眼里。

事实上，很多人之所以不被重用，往往就是因为缺少付出精神，对于一些不属于自己的工作视而不见。在他们看来，能出色地完成本职工作就可以了，没必要再自找麻烦。

于是，对于领导下达的额外工作，这些人通常都会毫不犹豫地选择拒绝，并且根本认识不到自己有何不妥。有时候，这些人也会碍于面子，不好意思拒绝，只能勉强答应下来，但同时心里也产生了一股怨气，对工作也是一通敷衍，结果只能是费力不讨好。

而成功的人则恰恰与之相反，他们会欣然接受领导亲自部署的各项工作，并且高质量地完成。因为他们知道，这时往往才是自己表现能力的大好契机，当然要做到尽善尽美。这也正是为什么大家同在一家公司，有的人能深得老板喜欢，有的人却总是被忽略，甚至被打入冷宫的真实原因。

柯金斯曾经担任过福特汽车公司的总经理。这一天，总公司有非常紧急的事情要传达，需要尽快给所有营业处下发通告。由于时间紧，任务急，秘书一个人不可能很快完成。所以，柯金斯只好临时从其他岗位抽调一些员工予以协助。

当他安排一个书记员去帮忙套信封时，却意外地遭到了拒绝。书记员很不耐烦地说："我有权拒绝，公司雇佣我不是来套信封的，那不是我的工作。"

本来就已经很着急的柯金斯，听了这话非常生气。他严厉地说："公司花钱雇佣你，就是需要你在关键时刻付出劳动。既然你认为有绝对不属于你的工作，那么请另谋高就吧！"于是，这个不肯多付出一点的员工失去了工作。

要知道，一个吝惜付出的人，就算不被炒鱿鱼，也不可能得到重用，他的职业生涯也必定会举步维艰,难有出头之日。而一个舍得付出的人,就算资格不是最老,能力不算最强,也会得到老板的肯定,拥有良好的声誉。这笔无形的资产将会成为你征战职场的有力武器,为日后的成功打下坚实的基础。

通过大量的事实,我们不难看出,虽然付出不一定能得到回报,但不付出肯定得不到回报。在工作中,只要我们能比领导提出的要求多付出一点点,相信我们的前途就会产生巨大的改变。

想要得到,就必须先舍得付出!为了自己的职业生涯能更加顺利、更加快速地发展,不要那么小气,不要犹犹豫豫,慷慨大方地去付出吧,生活绝不会辜负一个舍得付出的人。

努力工作,不讲回报

假如你希望自己只需要待在家里,躺在床上,高额的薪水就会自动送上门来,那么恐怕没有工作可以实现你的愿望。假如你妄想不付出任何努力,就能获得丰厚的回报,那么恐怕没有任何一家公司可以满足你的奢望。这是因为,在得到之前,无论是谁都没有不必付出的特权。

不妨环顾一下我们的周围,那些升职快、薪水高、福利好的人,是不是工作最努力,表现最突出,最不计较个人得失的呢?想成为一名优秀的员工,就决不能在困难面前低头,更不可以被付出吓倒。倘若你面对付出闪躲了,面对工作逃避了,面对努力缩手缩脚了,那么回报也会放慢脚步,对你退避三舍。

职场就像人生的缩影,你的命运不在上司手里,不在同事手里,而是完全掌握在你自己的手里。在你埋怨没有得到回报之前,请先确定自己是不是已经全身心地付出了。

赖鸿轩刚毕业那年,曾应某电视台的邀请去主持一个特别节目。之后,导演认为他很有文采,于是又要他扛起了编剧的活。

可是,等到节目录制完成,赖鸿轩不仅没有领到自己作为编剧的酬劳,就连之前谈好的主持出场费也被导演扣去了一半。"你签约两千,但实际我只能给你一千,因为这个节目已经透支了。"导演边说边将收据递了过来。赖鸿轩没有吭声。以后,这个导演又先后找过他几次,每次都是按照最初的方式完成了节目。

年末的最后一次合作,赖鸿轩发现导演不但没扣钱,反而对自己十分客气。经过打听才知道,原来是台里的新闻组领导看中了赖鸿轩,决定培养他成为一名新闻主播。

那以后,赖鸿轩忙了起来,但偶尔还会在台里与导演相遇。或许是由于心虚,导演总是担心这个年轻人会找领导告自己一状。有一次,他终于忍不住了,尴尬地笑着问赖鸿轩是否还介意从前的事,谁知,赖鸿轩却摆摆手说:"看您说的,那都是我自愿的。"

导演很好奇,赖鸿轩接着说:"我觉得,不管在哪里工作,都不能上来就死盯着薪水不放,怎么着也要先干了再说。只要通过自己的努力,做出了成绩,薪水自然就会提高的。"

不管三七二十一,先干了再说!工作,只有真正付出劳动了,才会得到结果。想在职场中谋求发展,我们必须先闯出一片天地,取得一点成绩,然后再去要求升职或加薪,这样底气才会更足,成功的几率才会更高。

也许直到今天为止,你已经在最初的工作岗位上待了许多年,身边那些曾经与你同在一个战壕的战友们,早已经升迁的升迁,加薪的加薪,只剩下你还在原地踏步。

此时,千万不要将结果怪罪到领导头上,而是有必要好好地反省一下自己:这些年在岗位上的表现是不是足够出色呢?工作中还有哪些不周到的地方是亟待改进的?要知道,能力强只是吸引领导眼球的一方面,付出更是获取领导赏识的法宝。

萧越是某机械制造厂的技术员,在同一个车间里,他与其他二三十名同事的主要工作,就是负责特种零部件加工。

绝大多数员工每天都是卡着钟点进出车间,而萧越则总是比他们早来或晚走十来分钟。清晨,他会在其他同事到来之前,检查一下流水线能否正常工作,并将其启动预热;在其他同事还没有到来时,先检查一下机床,将机床启动预热；黄昏，他会在其余同事离开之后，检查流水线各个环节是否完全停止工作，将相关物品归位，并简单清洗一下机器。

这一切都在车间规章制度和领导安排之外，是萧越自己认为有必要做的工作。很多同事不理解，劝他没必要这样，因为老板根本看不到，既不会升萧越的职，也不会多给他发一毛钱。对于这些善意的提醒，萧越通常不会说什么，只是笑笑。

时间一天天地过去，萧越始终风雨无阻地坚持着默默付出。然而，这一切早已被车间主任看在眼里，并上报给老板，所有知情者都对这个小伙子赞不绝口。不久，车间主任在每周例行的员工大会上公开表扬了萧越，并正式提拔他做车间的质检部主管。

一个人的成功，是需要多方面因素共同作用才得以产生的。我们不能只是盯着自己的家庭背景和自身条件，这些的确是不可逆转，但却是可以通过后天的努力弥补的。

另外，我们也不要过于关注金钱、关系等社会因素对成就的影响，这些虽然占有重要的位置，但却是可以用其他因素来代替的。最终取得成功、获得荣誉、得到回报的人，不会在逆境中退缩，也不会在挫折后绝望。他们选择在失败的时候，再次尝试，因为如果在这个时候放弃努力，放弃付出，就永远也无法赢得最终的胜利。

总而言之，我们在付出之前绝不要过分地关注结果。不管做工作也好，谈恋爱也罢，都是要先付出，之后才有资格问结果。无论是升职还是加薪，都毫无疑问需要建立在你干出成绩的基础上。

只有努力付出，成功才会如影随形。如果在尚未付出任何行动之前，你便开始提要求，讲条件，与老板讨价还价，那么，恐怕真的连去干的机会都得不到了。

不怕吃亏，"傻"中得益

或许我们很难想象，"吃亏""傻"竟然可以与"杰出""成功"画上等号。也许你会问："既然吃了那么多的亏，这人肯定有点傻，怎么还能成功呢？"然而事实上，因为吃亏而变得杰出，因为傻而取得成功的人比比皆是。

从小老师就教导我们"向雷锋叔叔学习"，毛主席也曾经亲笔为雷锋题词。我国更是把每年的3月5日定为"学雷锋日"。由此可见，雷锋的一生是杰出的！尽管他的一生都不曾大富大贵，可是他那些不怕吃亏、不斤斤计较的事迹，直到今天我们仍然没有忘记，还有什么比让人民永远记住更了不起的呢？

新中国成立前，雷锋是一名孤儿，新中国成立后在党和政府的关怀下，他才读书参加工作。对于自己的工作，雷锋从来不计较是分内还是分外，是干多了还是干少了，吃亏了还是占便宜了，只要是力所能及，他都会尽最大的努力。当公务员时是这样，当工人时是这样，成为解放军战士以后仍然是这样。

在望城县委机关，他承包了所有办公室、会议室的卫生，还负责为全体工作人员打开水，打扫走廊；在治沩工地上，他不仅每天奔波几十里送信，还充当编外质检员，自觉监督工程质量；在鞍钢，雷锋所在的推土机班组本不用派人参与炼钢，但他还是利用下班时间主动加入其中，尽管一天要上两个班，可雷锋仍然是干劲十足，不知疲倦；在部队，雷锋帮助战友补习文化知识，帮他们拆洗被褥、缝补衣服，主动打扫卫生、淘厕所，义务为战友理发，到后勤帮厨……

这一切的一切并没有人吩咐他去做，也没有一分一毫的报酬。然而，雷锋却坚持这么做了，一做就做了一辈子。

很多人认为雷锋是个"傻子"，因为他净干些让自己吃亏的事。他们哪里知道，在雷锋"不怕吃亏，乐于付出"的背后，其实深藏着人生的大智慧。正所谓"吃亏是福"，从某种意义上讲，"亏"与"不亏"是相对的。

雷锋的一生做过很多捐款捐物、助人为乐的好事，他自己省吃俭用，却对别人慷慨解囊，无私奉献。乍一看是吃了亏，可也正是由于这些"吃亏的傻事"，彻底改变了雷锋的命运，使他得到了更丰厚的回报。

有一年，雷锋捐出了自己攒了一年多的钱，帮县委购买拖拉机。鉴于雷锋一贯的表现以及为购买拖拉机做出的贡献，县委决定派他去农场学习驾驶。

在20世纪50年代，拖拉机是农业机械化的象征，能成为一名拖拉机手，更是会惹来不少羡慕的眼光。这笔捐款改变了雷锋的命运，不仅从事着人人向往的"神圣职业"，更为他日后在鞍钢开推土机，到部队后成为汽车兵奠定了基础。

参军后，雷锋所在部队连续收到两封地方寄来的表扬信，都是表扬雷锋拿出自己的积蓄支援灾区重建的事迹。当时，这件事引起了部队领导的重视。在了解到雷锋的凄惨身世之后，上级派人开始整理他的事迹，并让雷锋写材料，做报告，报纸上也开始频繁地报道。

就这样，雷锋"红"了！都说"做好事不难，难的是一辈子做好事"，就这样做了一辈子好事的雷锋，没有惊天动地的壮举，也没有气吞山河的伟绩，更不知道富贵二字的含义，但对于他来说，"吃亏"又何尝不是一种福气？这种"傻"又何尝不能与"杰出"画上等号呢？

而电影《阿甘正传》的主角阿甘，一个智商仅有75，上小学都很困难的人，却凭借着自己独有的智慧，取得了无数次的成功，还当上了百万富翁，赢得了甜美幸福的爱情。

而那些自认为比阿甘"聪明"得多的人却到处碰壁，这似乎是对"聪明"的一种讽刺，实际上这正是在向人们宣传一种高于"聪明"的人生智慧。

虽然没有平常人的那些小聪明，但在阿甘简单的头脑里，却拥有着大智慧。他经常说的一句话就是："妈妈告诉我，人生就像一盒巧克力，你永远都不知道下一块是什么味儿。"

不难总结，阿甘的成功其实正是受益于他不如平常人那么"聪明"，也不懂得斤斤计较，患得患失；他所能做的只有简单地坚持，对挫折和失败视而不见，也不去计较赔了还是赚了，值得还是不值得，仅仅是"傻乎乎"，又很认真地干下去……

所以，当他的捕虾船每次打捞上来，都是水底那些杂物时，并没有就此放弃，或是转行干别的，而是仍然坚持一次又一次地将网撒下去，直到成功。就像阿甘自己说的，"你永远都不知道下一块巧克力是什么味儿"，所以也没有人能知道下一网打捞上来的会是什么!

从雷锋与阿甘身上,我们可以发现一些相似的地方:他们都将生活简化了,比不上寻常人那么精明,更没有"聪明人"的心计和城府,不懂得计较得失,只是不停地坚持做着自己认为对的事情。世界在我们眼中就像一张色彩鲜艳而繁杂的招贴画,而在他们眼中却简单得仿佛一张质朴的黑白报,纯净、灿烂,正如他们的心境。

有人倡导我们应该学习阿Q,用精神胜利法找到心理的平衡。然而,事实证明,我们更应该学习雷锋,学习阿甘,学习他们那种不断自我激励,永远力争上游的精神。

在职场,"傻""吃亏"经常被我们提起,并且绝大多数人都不会选择自己认为傻的工作。或许是我们还没有意识到,自己怀才不遇或处处碰壁的原因是否正在于此呢?

很多时候,"傻"还是"不傻"并不像外人所看到的那样。所以,我们应该给自己一个准确的定位,认认真真地完成本职工作,担负起属于自己责任,这样才能更准确地找到事业的突破口,让自己的职场生涯更加畅通无阻。

如果每个公司都能有很多像雷锋或阿甘这样的"傻"员工,那么老板们也就没有现在这么大的压力和烦恼了。由此可见,成为"傻"员工,无论对公司还是个人来说,都是绝对稀有珍贵的资源,也是一笔数目可观的财富。

要知道,天下没有免费的午餐,天上更不会有馅饼掉下来。我们只有靠着今天的辛苦和勤奋,才可能创造出明天辉煌的前途和美好的未来。

主动找分外的事去做

还没到下班时间,你已经闲得没事可干。同事问你为何这么清闲?你的回答是:"老板安排的工作都完成了啊!"相信有这样想法的员工,每个公司都不在少数。或许你认为,只要做完老板安排的工作就已经做到最好了。但若是想要收获更多,除了完成老板安排的工作外,你还必须主动承担一些分外的需要你去做的事。

成功的机会总是在寻找那些能够主动找事做的人。只是可惜，大多数人根本意识不到这一点。在我们的人生旅途中，早已习惯了等待：等到老师点名才起立回答问题，等到妈妈发令才关上电脑上床睡觉，等到老板一样样地安排才知道工作内容……

倘若我们能主动一点，不再等待，或许一切都会有所改变。只有当你主动、真诚地为别人提供有价值的服务时，才能收获更大的成功。

卡耐基曾经说过："有两种人永远将一事无成，一种是除非别人要他去做，否则，绝不主动去做事的人；另一种则是即使别人要他去做，也做不好事的人。那些不需要别人催促就会主动去做应该做的事，而且不会半途而废的人必将成功。"

如今，布恩已经是一家公司的总裁了，但他的成功经历确实非常坎坷。读大学时，他做过许多工作：修理过自行车，卖过旧书籍，做过家教、收银员、出纳等。后来为了换取学费，他还帮别人打扫过院子，整理过房间。

曾经，布恩认为这些工作既单调又无聊，所以根本不会主动地认真去做。但是后来，他发现自己的想法完全错了。事实上，这些看似零散的工作给了他许多宝贵的教训。不管今后从事什么样的工作，都能从这段经历中学到不少经验。

如今他成了一名管理者，却依然像原来那样主动地找事做，尽管那并不是他的工作。这些主动不仅让布恩与众不同，也为他的成功铺就了一条道路。

有成功潜质的人，总是会主动比别人多付出一点点，主动为自己争取更大的进步。在他们心中很清楚一件事，只有积极主动地工作，才会让雇主得到惊喜；只有比原来承诺的付出更多，才能获得升职加薪的良机。

如果你可以在工作中顺利完成每一项工作，并且全部达到老板的要求，那么很不错，你绝对可以称得上是一位称职的员工。不仅不会失业，或许还有机会得到提拔，只是你永远不能给老板留下深刻的印象，永远也无法成为老板重点培养的对象，永远没有机会在这家公司中攀爬到你事业的顶点。

唯有超过老板对你的期望，才能让他眼前一亮，将你牢记在心，将来遇到一些高难度工作时，说不定会想起你，赐给你一个绝佳的锻炼机会。

一家外贸公司的老板到美国办事，并且要在一个国际性的商务会议上发表演说。身边的几名要员忙得头昏眼花，王平负责草拟演讲稿，张小玉负责拟订与美国公司谈判的方案。

老板临行前夕，各部门主管都来送行。有人问王平："你负责的文件打好了没有？"王平睁着惺忪的睡眼说道："只睡了4小时，实在熬不住了。反正我负责的文件是英文撰写，老板看不懂英文，在飞机上不可能复读一遍。等他上飞机后，我回公司把文件打好，再发邮件给他，肯定来得及。"

谁知，老板刚一来，头一件事就是向王平要文件和数据，他只好把刚刚的话又给老板重复了一遍，结果老板脸色大变："怎么会这样？我已经计划好利用在飞机上的时间，与同行的外籍顾问研究一下自己的报告和数据，不至于白白浪费坐飞机的时间呢！"王平哑口无言。

到了美国，老板与要员一同研究了张小玉的谈判方案，觉得整个方案既全面又有针对性，包括了对方的背景调查，也包括了谈判中可能发生的问题，还包括如何选择谈判地点等很多细致的因素⋯⋯

这就大大超过了老板和众人的期望，谁都没见到过这么完备而有针对性的方案。尽管后来的谈判很艰苦，可是由于对各种细致的问题早有准备，所以老板还是胜利而归。

回国后，老板立刻提拔了张小玉，而王平自然也受到了冷落。

如果你想获得更多，就不能只完成上司吩咐的工作，还要在时间上、质量上都尽量超过上司的期望，提前出色地完成任务。要知道，所有老板心中完成任务最理想的日期永远是：昨天。

老板通常不会明确要求员工主动工作，或提前完成任务，而你却必须明白，老板雇你来，是为企业创造最大利益的，所以你应该随时随地进行思考，尽快采取行动。

在工作中，只要我们发现有事要做，无论其是否为分内之事，都应该主动出击。主动，不仅可以让你在工作锻炼自我、充实自我、完善自我，而且还能增加你的表现机会,让你的才华充分展现,让你在平凡的工作中脱颖而出。

搞明白其中道理之后,就主动去做需要你做的事情吧,不要干等着老板或上司再来安排,自己的人生自己做主不是更好?当你全力以赴地完成需要你做的工作时,自然会得到高的回报。

尝试改进工作的不足

在工作中,总是有人抱着"付出少,得到多"的思想。其实,"不劳而获"只是人们不切实际的幻想。无论在工作中,还是在生活中,不逃避困难,用于付诸行动去改正不足,才是我们最好的选择。

每个清晨,在走出家门抵达办公室的路上,我们都要暗下决心,力求今天能更好地完成工作,至少要比昨天出色;每天傍晚,在离开办公室或其他工作场所前,我们都要暗自反省,希望明天能更合理地安排一切,至少比今天妥当。相信这样乐于付出的人,在业务上必定会取得惊人的成就。

吴胤生长在一个并不富裕的家庭,由于弟弟妹妹较多,身为长子的他不得不放弃念大学的机会,到百货公司打工。吴胤不甘心自己的一生就这样默默无闻地度过,在工作中仍然不间断学习,想尽一切办法充实自己,试图改变自己的工作境况。

经过几个月的细心观察,吴胤注意到,对于那些进口商品的账单,经理总是特别小心地检查,原因是那些账单多数是德文和法文。于是,吴胤便开始利用每天上班的空闲,仔细研究那些账单的组成,并努力学习与这些商务文件有关的德文和法文。

有一天,他看到经理面对一摞厚厚的账单,露出十分疲惫的神情,便主动要求协助。经理感激不尽,同时也惊讶地发现自己的手下还有这样一员猛将,干得如此出色,以后所有的账单自然都交由他接手。

半年后,吴胤被通知去见老总。"我干这行已经40多年了,据我观察,你是唯一一个每天都在要求进步,要求改变的员工。"

老总称赞地说,"从公司成立那天开始,我一直都想物色一个像你这样的助手，因为外贸工作比较繁杂，需要的知识也很庞杂，对适应能力的要求也特别高。现在，我决定把这个任务交给你，相信你一定不会让我失望。"

尽管对这项业务一窍不通，可吴胤还是凭着对工作认真负责的精神，不断提高自己的能力，弥补自己的不足。没多久，他已经完全胜任了这项工作，成了老总身边的红人。

在美国流传着一句谚语："通往失败的路上，处处都是错失的机会。"为什么会错失这些机会，走向失败呢？原因就是我们害怕付出努力，害怕承担责任，害怕有所改变……

殊不知，只有那些善于思考，勇于尝试，不计较得失的人，才能在今天弥补昨天的不足，抓住每一个天赐良机，顺势而上，成长为企业需要的卓越人才。

或许你跟大多数人一样，认为改变可以是一项一蹴而就的工程，认为只要在关键的时刻努力付出就够了，没必要每一天都紧绷着神经。然而，想着很容易，做起来就难了！俗话说"一口吃不成胖子"，随时随地的付出，一点一滴的努力，循序渐进的提高才是成功的关键。

"今天，我该从哪方面开始改进自己的工作？"如果你能在每天踏进办公室之前，向自己提这个问题，那么你的工作就一定会有进步，你的努力也一定能显现功效；如果你能在今后的工作中，将这个问题当做自己的格言，那么你就有可能前途无量；如果你能随时随地用这个问题来督促自己，努力付出，不计收获，改正不足，不断进步，那么你的工作能力就会达到一般人难以企及的程度。

事实上，每个人都希望自己能向好的一面发展。尤其在工作中，不断提升自己的价值，获得老板的认可更是每个人梦寐以求的。那么，究竟该从何处下手呢？

一般说来，你必须改变固有的思维方式，真正认识到付出的重要性，保证自己拥有良好的心态和十足的动力。如果将人生比作一个漫长的旅程，那么工作便是不可或缺的一段游历。收获并不是职场的全部，当你重新审视了自己的得失观念，改进了自己的思维方式，提升了自己的控制能力之后，就会摸索出获得成功的规律以及方法。

布留索夫曾经说过："如果可能，那就走在时代的前面；如果不可能，那就绝不要落在时代的后面。"在今天这个突飞猛进的时代，一个人想要获得成功，就一定要懂得付出，要善于捕捉新动态，掌握新技巧。只有这样，才能够不断地充实和提高自己，并且适应工作和时代的要求。

我们的身体之所以保持健康，是因为体内的血液无时无刻不在更新。同理，作为公司的一名职员，只有不断地付出，才能不断地收获；只有丢掉旧的，才能得到新的；只有每天改进一点不足，将来才能成就完美。

不要有"打工者"心态

"公司是别人的，我只不过是打工罢了，有必要那么拼命吗？"相信这句话一定道出了很多职场人的心声。在他们看来，工作不过是一种谋生的手段，无论干多干少，都是在为老板作嫁衣，与自己毫不相干。只要保证不犯错误，踏踏实实地熬到月底，足额领到自己的薪水，就算功德圆满了。

不错，从表面上看，我们按时上下班，参加大小会议，脑子不停地转，手里不停地算，整天忙忙碌碌……的确都是在为公司招揽生意，创造利润。但是，事实上，我们不是也通过完成这些工作，展示了自己的才华，成就了自己的梦想吗？这样说来，我们岂不是也在为自己工作？

如果你非要将自己划入打工者的行列，没有热情，不肯付出，那么你就注定永远只能是工作的奴隶，不会有发展，也不会取得成就。

泰迪和凯文在同一家工厂里做事。每天下午，时钟刚刚指向六点，泰迪就结束手上的工作，麻利地换好衣服，第一个冲到打卡机前面准备下班。而凯文却总是不慌不忙地将手上的工作完成，再仔细检查一遍，确定没有问题了才最后一个打卡离开。

一天，两个人在酒吧聊天，泰迪耷拉着脸对凯文说："兄弟，你让我们大家很没面子。"面对同事的指责，凯文有些疑惑。

"你的做法会让老板以为我们不够努力。"泰迪停顿了一下,接着说:"要知道,我们只不过是在为别人工作,何必那么认真!"

"不错,我们的确在为老板工作。"凯文肯定地说,"但我们更是在为自己的梦想工作。"

在任何一家企业都不乏这样的员工:他们每天会准时出现在办公室,但却不能及时完成手头的工作;他们住得比较远,每天都披星戴月,但却对不起耽搁在路上的时间;他们只负责上班时间坐在位置上,但却无法管住自己"调皮"的思想;他们接受一切命令,但却敷衍了事,不顾结果……毫无疑问,这些人已经被打工者的心态深深地毒害了。

正所谓"心态造就人生"。那些不思进取,得过且过,怀有"打工心态"的人,永远都做不成老板;那些牢骚满腹,抱怨频频,怀有怨妇心态的人,永远也当不了英雄。

在朋友眼中,帕兰德是一个能力很强、才华出众的年轻人。可若是有人问起工作,他总是漫不经心地说:"凑合吧,公司又不是我的,打工罢了!要是我有了自己的公司,一定投入全部精力,夜以继日地奋斗,保证比我上司强。"

终于,帕兰德在一年之后辞去了自己的工作,独立创办了一家广告公司。在聚会上,他踌躇满志地向朋友们宣布:"一个崭新的时代即将到来,我会很用心很勤奋地去工作,因为它是属于我的。"

但是,仅仅过了半年不到的时间,帕兰德就结束了自己的时代,重新开始了为别人打工的生活。他给出的理由是:"自己开公司事情太多、太麻烦、太复杂,根本不符合我的性格。"

为别人打工时没有激情,完全被动,还信誓旦旦地扬言说:"如果我做了老板,就怎样怎样……"似乎此人天生就是做领导的材料。可怎知道,当了老板之后依旧是老样子,结果只能退回原点,继续为别人打工,真是可叹、可悲、可笑。

原来,一个缺乏敬业精神、懒惰又随性的人,不管从事哪种行业,也不管是打工还是创业，都注定毫无作为。

要知道，端正良好的工作态度，是一个人获得成功的关键。所有在职场取得成绩的人，都持有积极向上的人生态度。为别人打工时，他们坚强乐观，是最出色的助手；自己当老板后，他们严谨认真，是最优秀的管理者。

所以，不要再抱怨自己的工作不如意，也不要再计较自己付出太多而得到太少。我们最需要的，是唤醒自己心中沉睡已久的主人翁精神，赶走打工心态，在努力工作的同时完善自己，持续小小的坚持，收获大大的成功。

尽量比别人多做一点

不管是在工作上还是在生活中，我们都对成功有着迫切的渴望。然而，面对急剧上升的人口数字就能明白，渴望成功的又何止自己呢？别人不比自己笨，自己也不比别人精明。那么，要凭借什么？才能使自己比别人更加优秀更加成功呢？有办法，只要我们比别人多做一点！

有人说："不曾付出艰辛，就不会有成就。"想在激烈的职场竞争中取胜，单凭全心全意地付出，尽职尽责地完成任务还是不够的，无论你是企业的管理者还是执行者，都需要有"比别人多做一点"的工作态度。

尽管多做事情。必然会占用你更多的时间，消耗你更多的精力，可是，你多做的行为，必定会得到上司、同事以及客户的关注与信任。为自己赢得良好声誉的同时，还能获得更多的发展机会。所以，想取得成功，除了努力工作之外，再没有第二条路可走。

在美国，有一个从事汽车销售的业务员。无论什么时间进行排名，他在公司的销售榜单上总是名列第一。有人好奇地问他："为什么你总能得第一名？有什么绝招吗？"业务员笑着回答："很简单，因为我每个月都会想方设法比第二名多卖出一部车子。"

是的，其实成功就是这么简单，只需要比别人多做一点，哪怕只是多卖出一部车，成功也是属于你的。

在现实生活中，成功者与失败者的区别往往也正在于此。成功者总是很乐意自己能比别人多做一点，因为比别人多做一点，就会接触到更多的知识，积累更多的经验，获得更多的机会；而失败者却总是担心自己吃亏，恨不得能少做一点才好，最终只能甘于平庸。

宋言均成长在一个十分困难的家庭，初中毕业就从农村进城打工。很快，他在某搬运公司找到了一份工作。为人憨厚的宋言均经常被别人欺负，凡是没人愿意干的活，领导肯定会找他做。而他也不在乎，觉得既然大伙都搬不动，自己力气大一点，理所应当多做一点。

就这样，宋言均每天都比别人多干很多活，他的任劳任怨和诚实憨厚都被老板一一看在眼里，记在心上。

半年之后，老板将宋言均从搬运工升为计数和填单，可是他的工资并没有提高多少，仍然只有上一任工资的一半。有些老工人劝宋言均向老板提出加薪，但他自己却很满足。

想到自己是老板从这么多人中间破格提拔的，感谢老板还来不及呢。因此，宋言均工作起来比以前更加努力了，做的总是比老板要求的多一点点。没过多久，他被老板提升为出纳，工资也从1500元涨到了5000多元。

或许我们不可能百分之百钟情于自己的工作，但由于与生俱来的荣誉感，以及对成功的渴望，我们通常都会尽可能地让自己爱上眼前的工作。只要能除去心理上的厌恶情绪，工作自然就会显得轻松很多。别说多做一点，就是多做很多点也绝对没问题。

当然，在绝大多数时间，我们完全没有必要比别人多做许多，只需要一点点就足以在竞争中取胜。有了成绩，腰杆也就挺直了，所有人都会对我们刮目相看。此时，如果你继续多做一点小事，便可以从原本枯燥乏味的工作中，体会到一种前所未有的喜悦，属于你一个人的喜悦。

让我们都生活得简单一点，不要把多做看成吃亏。要知道，只要我们诚恳地展现自己的能力与才华，保持"比别人多做一点"的工作态度，就会发现，原来成功已经近在眼前。

主动做别人不做的事

世界上,没有人能确保你今生肯定会有所作为,除了你自己;世界上,也没有人能阻碍你今世应该取得的成就,除了你自己。

成功的人很早就参透了"靠自己"的道理。在职场中,没有人会要你做什么,也没有人会求你成功,除非你要做,你要成功。然而,在现实生活里,很多接受过高等教育、才华横溢的年轻人,都得不到晋升的机会。

专家分析,主要原因就在于:他们不懂得反思,并且逐渐形成了嘲弄、抱怨、吹毛求疵等很多恶习,根本无法独立自发地做任何事,只有在被迫和监督的情况下才能勉强工作。

看看身边那些对待工作无比热情的家伙,他们总能挖掘出新的机会;而那些被动等待领导下命令的人,以及那些对待任务推三阻四的人,则很难获得成功,因为他们在拒绝工作的同时,也拒绝了机会。

所谓"主动"就是:不用等别人来告诉你要做什么,你就先向别人提出我要做什么;不用等别人教给你该怎么做,你就可以出色地完成任务。只有主动的员工,才会带给上司惊喜;只有比承诺付出更多的员工,才会得到上司重用。

如果你一直唯唯诺诺,安守本分,对公司未来的发展毫不关心,那么除了领到自己应得的薪水之外,你当然不可能获得额外的奖励,也不会有晋升的机会。

从前,有个很严厉的主人准备离家一段日子。临行前,他将自己的三个仆人召集起来,根据平时的观察,分别给了他们每人一袋钱币,没有交代什么就启程了。

第一个仆人领到了5000个钱币,他用这些钱做买卖,结果又赚到了5000个钱币;第二个仆人领到了2000个钱币,他用这些钱搞投资,结果又赚到了2000个钱币;第三个仆人领到了1000个钱币,他在后院挖了个洞,把钱埋了起来。

没多久,主人回来了。三个仆人分别交出了自己的成绩单:第一个仆人和第二个仆人将额外赚到的钱币献上,得到了主人的称赞和奖赏;而第三个仆人却战战兢兢地从洞里挖出那袋钱,对主人说:"我领教过您的严厉,很怕把钱弄丢,所以就埋了起来。现在这些钱分文不少,都在这里了……"

"你这个又笨又懒的家伙!起码也应该把我的钱币存进银行,等我回来,也可以收点利息,怎么会愚蠢到将它们埋起来呢?"主人大怒,同时吩咐自己的管家夺过他手中的1000个钱币,交给第一个仆人。

在主人没有明确指令的情况下,能主动将5000钱币变为1万钱币的人当然就是最优秀的仆人。如果我们能有意识地主动去挖掘自身潜能,那么,渐渐地便会同身边的碌碌无为者拉开距离,这个距离就是优秀和卓越。

不管你此时此刻从事的是什么工作,立即、主动都是必不可少的素质。只有积极主动的人,才能够不放过任何一个转瞬即逝的机会;也只有积极主动的人,才能够在最短的时间里将自己的想法落实在具体的细节当中。

那些主动喊着"我要做……"的人,通常都比较善于跳出劳动合同的束缚,他们不会过分看重这件事是否在自己的职责以外,而是会首先审视这件事是否很棘手,需要自己立刻处理。其实,有很多因素完全可以在行动过程中再逐一考虑和完善,关键的是你已经主动地开始做了。哪怕事情很小,哪怕用时很短,也绝对会是个良好的开始。

梁茵茵在外企做文员,由于大老板一贯崇尚节俭的生活作风,以至于连办公室内的打印纸,也被要求充分利用,正反两面都使用后,才可处理。

这天,保洁阿姨请假没有上班,办公室主任看梁茵茵手头没什么工作,便吩咐她将一摞单面用过的打印纸,按规格分类,以方便再次使用。当时,尽管梁茵茵很不屑地应和着,可心里却琢磨:那不是我的工作,过两天再干也是一样。

谁知,就在第二天,当办公室主任耷拉着脸,十分不悦地从梁茵茵桌上抱走那摞纸,开始自己整理时,梁茵茵这才意识到了事情的严重性,只是为时已晚。不久,公司进行裁员,梁茵茵自然列在其中。

即便有一家公司愿意将规章制度设计得足够详细,足够精致,相信也不可能完全涵盖每一个职员的具体工作。在职场，难免会有很多突发状况，此时找不到任何相关规定，员工手册中也没有明确指出这些临时事件该由谁来负责。

不管怎样，事情是必须有人去做的。此时，若是被指派的人产生"凭什么是我""为什么不是她"等类似的想法，那么可以肯定，这个人不会有太大的作为。

要知道，斤斤计较、患得患失的人在任何一个团体中，都很难有出头之日。只有当你主动真诚地为别人提供服务的时候，成功才会随之而来。

天下所有的老板都在寻找能够主动做事的员工，并且十分愿意根据这些人的表现来给予相应的回报。所以，优秀的员工都明白一个道理：与其被动服从，不如主动行动。

身在职场，我们不能让自己闲下来，不能被动地依赖上级和同事，更不能在"等待命令"的过程中，将自己的潜能彻底冰冻，沉入海底。想要升职加薪，千万不能把"要我做……"当成行动的前提。

要知道，机会往往更偏爱以"我要做……"为出发点的人。不管面前的工作多么单调乏味，你也不可以怀着忍受的心态去对待，而要像优秀的员工那样，主动地去接受任务并且超额完成，坚信积极地去付出，定会帮助你在事业上取得非凡的成绩。

第二节　不计较薪水高低

工作目的不仅仅是薪水

在职场中，我们经常听到类似这样的抱怨："给这么点钱？还指望我上刀山下油锅，一天二十四小时都拼命地干活？笑话！""凭什么呀！拿多少钱，出多少力，我已经够委屈自己的了。"……

好像工作真的可以完全等同于交易：老板出多少钱，员工就卖多少力。在他们眼中，只看到自己做了多少事情，或完成了多少工作，却从来不考虑事情的结果怎样？工作的质量如何？

而且，一旦他们认为，所付出的劳动超过了心中自己主观设定的界限，便会爆发不平衡心态，开始抱怨、诅咒、发牢骚等等。

这种打工心态在当今社会十分普遍，人们最期待的是干最少的活，拿最多的钱，生怕自己付出得太多，让老板占了便宜。

一家排名世界500强企业的老总，曾经向公司里的一名职员提出这样一个问题：“如果公司每月支付你1000元酬劳，那么，你应该做多少工作才合适呢？”

职员毫不犹豫地回答：“公司支付给我1000元，我当然就要为公司做1000元的事了。”

"倘若事实果真如此……我想，公司必须开除你。"老总摇了摇头，"表面上看，支付给你1000元酬劳，换取你完成1000元的工作，是很合理。不过站在公司的角度，这样一来岂不是没有利润？要是再加上水、电、办公用品等等开销，恐怕还要赔钱。所以，只好解雇你了。"

或许你会时常问自己："到底怎么做，才能让自己的薪水翻倍？"如果你还没找到答案，那么不妨试试这样问自己："应该怎么做，才能让自己的工作价值提升十倍？"若是你肯换一个角度来提问，加薪应该会变得更容易一些。

如今，人们曾经崇尚的物有所值早已无法满足社会的需求，各行各业都在寻找综合能力突出的高素质人才。如果你希望自己的事业能够持续稳定地发展，如果你渴望拥有一个光芒四射的前程，那么别无选择，你必须使自己物超所值。

也就是说，你要想办法提升自己所创造的价值，让它尽可能多地超过老板支付给你的薪水。

例如，你希望老板加500元薪水给你，也就意味着你要为企业完成5000元的工作。只要你做到了，相信老板也不会吝啬那区区500元的。假如你只完成了500元的工作，连等价交换都谈不上，又有什么理由要求老板给你加薪呢？

所以，作为一名员工，一定要想方设法地为公司创造利润，同时也要努力提高自己创造利润的能力。

"给多少钱干多少活"的时代已经过去，如今，你必须相信，只要你有足够强的能力，可以给公司创造丰厚效益，老板就不可能亏待你！

有这样一株可以结果的苹果树：

第一年，它结出了20个苹果，主人拿走了19个，自己得到1个。苹果树认为很不公平，对此非常气愤。于是，它毅然自断经脉，拒绝成长。

第二年，苹果树仅结出了10个苹果，主人拿走了9个，自己得到1个。虽然苹果树自己得到的并没有增多，但它依然暗自得意，因为这次主人只从它身上拿走了9个，比去年少了10个。

谁知第三年，主人就把苹果树砍倒了，因为它在主人眼里已经没有任何价值。其实，苹果树原本可以继续成长，如果第二年，它结100个果子；第三年结1000个……或许主人依旧会拿走99个或者999个，可主人却会对苹果树爱护有加，而不会砍了它。

有很多人在职场上也像这棵苹果树一样，过于计较失去的果实，从而失去了茁壮成长的机会。殊不知，对于自己来说，最重要的并不是一开始能得到多少果实，而是成长本身。如果你只把工作当成是一种等价交换，那么你失去的将是美好的未来。

那些为了贪图眼前利益，不惜断送自己美好前程的人，似乎更像是穿越时空，专程来为我们上演现代版买椟还珠的演员。虽然领到了满意的报酬，但却失去了更为珍贵的前途。

想想看，难道我们真的是在替别人工作吗？难道我们多付出一点，就吃了天大的亏了吗？老板既然雇佣你，当然会为你所做的工作支付报酬。只不过，他付给你的薪水肯定要低于你所创造的价值，这一点毋庸置疑！毕竟老板开的不是慈善机构，他也要生存，还要负担公司各个方面的开销。如果连我们依靠的大树都无法获得足够的养料，那么靠着大树的我们恐怕也只有死路一条。

平常总是提到换位思考，假如今天坐在老板椅上的是你，面对一个"给多少钱，干多少活"的员工，你又会作何感想呢？身为老板，听到这话是不是也会有些酸楚和不舒服呢？

不要只为薪水而工作

有人说，工作是一种全身心的投入与付出；有人说，工作是一个创造物质财富，积累精神财富的过程；也有人说，工作是为社会做贡献的一种方式；还有人说，工作是维持生存状态和提高生活质量的手段……

罗丹说："工作就是人生的价值，人生的欢乐，也是幸福之所在。"

假如闲来无事，你是否也会反复思考下面这几个问题：此时此刻，我们的心满足吗？这种满足是源于工作吗？工作到底意味着什么？我们工作的目的又是什么？

心理学家经过研究认为，如果你的满足感源于工作，那么就表示你认为自己的工作是很有意义的；若具体谈到工作的意义和价值是什么，答案则完全在于你赋予工作的定义。

假如一个人将工作定义为时间与金钱的交易，恐怕还没开始上班，就感觉枯燥乏味了，不及时调整，此人便会沦为工作情绪的奴隶。假如另一个人将工作定义为劳动与物质报酬的等价交换，实在是太可悲了，日复一日机械地重复着，找不到精神支撑，此人将永远都是物质的奴隶。

倘若你步入社会参加工作，目的只是为了能多挣一些薪水，单纯地将工作当成解决自己生计的一种手段，那实在是得不偿失。要知道，薪水只不过是工作给予我们最直接的一种短期利益回报罢了，而那些在工作中学到的知识、积累的经验、掌握的方法等等更多的间接回报才是真正的无价之宝。

我们要关注的是更多的间接回报，工资虽然是最直接的工作报酬，但它只能是短期的利益，在工作中所学到的知识、经验才是更重要的，才是真正的无价之宝。

要是我们可以领悟到工作的真谛，并且赋予它更深层的意义，那么相信就不会有人再去忍受工作，而全部变成享受工作了。正如尼采所说："当你了解了为什么之后，一切的一切就都能被接受了。"

程若曦刚刚考到会计证，在一家私企的财务部做出纳。领导觉得她很聪明，不希望人才流失，所以便承诺她："试用期半年，要是干得好，试用期过后就升职加薪。"

初来乍到的程若曦干劲十足，比起老员工来，她每天干的活只多不少。转眼两个月过去了，她感觉自己的水平已经很高了，在企业独当一面是绝对没问题的，所以薪水也没理由拖到半年后再涨……想到这里，程若曦有点失落。

尽管日后她没有跟任何人提过这件事，可在工作态度上却有了180°大转变。从前那个认真踏实、积极上进的程若曦不见了，取而代之的是一个办事拖沓、粗心马虎的小丫头。

到了月底，由于要赶制财务报表，整个部门都需要留下加班。这时，程若曦跟总监说自己已经完成了工作，现在要回去了，完全不顾及集体中其他成员的感受。

半年很快过去了，根据程若曦的表现，领导当然不可能提加薪的事。谁知，她一气之下竟然选择了辞职。

直到一年后，程若曦在街上遇见同事才知道，谈到当初的离职，同事惋惜地说："太遗憾了，一个晋升加薪的好机会就这样让你给丢了。当时，领导看你踏实，业务能力又很强，本打算第三个月就给你涨工资的，而且也准备让你在试用期满后，担任主管会计的。哪知道后来你却变了，领导很不满意，甚至觉得是自己当初看错了人。"

领导也是普通人，他怎么可能一眼就分辨出你是天才还是蠢材呢？任何一个公正的领导在评价员工之前，都需要一个认识了解的过程，也就是试用期。在这个以认识和了解为主要目的的阶段，你的能力很有可能与薪金待遇不平衡，但这只是暂时的。你必须给领导足够的时间，让他对你尽可能地全面认识。等到你们彼此都熟悉得差不多了，那么距你升职或加薪的日子就为期不远了。

绝大多数人在选择工作的时候，都会提到一些现实的问题，比如薪水多少、具体工作时间、福利待遇是否齐全、有没有年假……甚至是何时加薪等等。

然而，这些人却忽略了一个最基本、最实际、最重要的问题，那就是，"我为什么要去工作？"是为了区区几千块的薪水呢，还是为了培养自己的能力，积累一些经验呢？

单凭每个月领到的薪水多少，根本无法准确判断一个人的能力。不错，那些成功者所具备的洞察力、创造力、决策力以及行动力都令人羡慕不已。可这些能力并不是他们与生俱来的，也是需要经过长年累月的学习和实践，才一点一滴地积攒起来的。接着，在一次又一次的失败中总结经验和教训，时刻为成功做最充分的准备。

应该说，在工作中培养各种对自己有益处的能力，正是我们工作的意义，也是工作回赠给我们最珍贵的礼物。

一个立志于在职场上打拼的人，应该以在工作中充分发挥自己的能力，全面展示自己的才华为出发点，同时积累大量实践经验以及其他一些成功必备的资源，也是很重要的。

机会比薪水更重要

月薪1万和月薪5000的两份工作摆在你的眼前，你会更倾心于哪一个？相信大多数人应该都会毫不犹豫地选择1万，谁不想拿高薪呢？说白了，谁会跟钱有仇，嫌钱烫手呢？

然而在职场中，没有几个成功者一开始就站在事业的巅峰。他们也曾领过很低的薪水，并且每天工作十几个小时。比如，在阿里巴巴的很多硕士甚至博士，当年的工资也不过几百块钱而已。

可是如今，他们都成了企业的领军人物，薪水也早已不可同日而语。这些巨大的改变源于机会。每一个成功的人都清楚，工作的目的不只为了薪水，好机会往往比高薪水更重要。

假设有两个员工：一个对工作精益求精，事事为公司利益着想；另一个喜欢投机取巧，老嫌自己薪水太低，总是把自己利益摆首位。如果你是老板，会更青睐于哪一个？或者说，更愿意把升职加薪的机会留给谁呢？

其实，对于年轻人来说，能在一个优秀企业获得学习知识、掌握技能的机会，远比短暂高薪重要得多。

卡罗·道恩斯本来是一名普通的银行职员，薪水虽然不高，但也足够满足温饱。后来，他出于兴趣改行到一家汽车公司，薪水只是原来的一半。因为喜欢这份工作，所以尽管薪水很低，他还是决定把握这次机会。

在工作中，道恩斯一直激情满满，从不偷懒。当同事们抱怨薪水太低，或跳槽到薪水高的公司时，道恩斯始终坚持留在这里，保持积极的工作热情。他很珍惜老板交给他的任务，在他看来，这些任务就是机会。

半年之后，道恩斯的业绩很突出，他想试试自己是否有提升的机会，便直接写信向老板毛遂自荐。得到的答复是："任命你负责监督新厂机器设备的安装工作，不保证加薪。"

由于没有受过工程方面的培训，道恩斯根本看不懂图纸。可他不甘心放弃任何一个机会，哪怕不加薪水，也值得付出比往常更大的努力。于是，道恩斯发挥自己的领导才能，自己掏钱找了一些专业的技术人员完成安装工作，并且提前了一个星期。

结果，他不仅坐上了部门经理的位子，薪水也提高了整整10倍。后来，老板告诉他："其实，我知道你看不懂图纸，让你做的唯一理由就是你有一颗进取的心。若是你随便找个理由推掉这项工作，我真的会开除你。"

退休后，道恩斯担任南方政府联盟的顾问，年薪只有象征性的1美元。而他仍然不遗余力，乐此不疲，因为他懂得机会比薪水更重要。一个人如果没有真材实料，那么再高的薪水也只能是昙花一现。只有获得提升能力的机会，才是拥有高薪的保障。

我们参加工作的目的绝不单单为了那一份薪水，更要看到工作背后的学习机会、成长机会、提升机会。其实，每一份工作中都隐藏着巨大的机会。只要你尽职尽责，坚持不懈，早晚会得到工作给予你的更多回报。不只是薪水会水涨船高，你的技能、社会经验、人格魅力，还有综合素质与个人修养，等等，都将得到很大的提升。与这些相比，薪水似乎就显得微不足道了。

放眼全球，你会发现世界上那些拥有财富的人，绝不是以赚钱为目标去工作。他们往往更善于抓住机会，更懂得积攒一些价值不菲的能力。如果比尔·盖茨总是想着自己的薪水，那么他就不可能成为世界首富。

尽管世界上绝大多数人仍然在为薪水打工，可这并不代表你也要随波逐流。倘若你能干脆地拒绝为薪水工作，那么岂不是比别人更早迈向成功了吗？

初涉职场时，我们一定不要将薪水的高低作为择业的唯一判断标准，哪家薪水高就去哪家的想法是不可取的。你必须时刻提醒自己："现在工资低不要紧，我奋斗的目的是为了将来。只要能得到锻炼，得到提升，就有做下去的必要。"

可以想象，倘若你在自己的岗位上一事无成，即便是再清闲、薪水再高的工作，恐怕也无法带给你成就感，更不可能体现你的人生价值，那么高薪岂不变成了一种负担？

与其过多地考虑自己的薪水，倒不如将这些时间用在锻炼技能，接受新知识，展现才华，抓住机遇等事情上。要知道，在你未来的资产中，这些才是无价之宝，它们的价值远远超过你眼下所计较的那点薪水。

当你从职场菜鸟成长为麻辣高管时，便会发现，自己之前所有的付出都是值得的。因为在未来任何一个岗位上，你都可以充分发挥自己的才能，从而取得更大的成功，获得更高的薪酬。

不要总是抱怨工资少

"怎么才发这么点钱？"打住！先别忙着为自己的低薪水喊冤，仔细想一想，假如公司没有你会怎样？会受影响吗？会经营不下去吗？会关门大吉吗？

如果你觉得老板对自己不够重视，用一点可怜的薪水就把自己打发了，那只能是因为公司有你没你都无所谓，甚至你选择离职，老板还会暗自庆幸："腾出一个空缺，可以招纳更优秀的人才了。"

想在职场立足,想领到数目可观的薪水,发挥我们独特的竞争优势是最重要的,具备他人没有的能力更是关键中的关键。所以,在你还没有确定自己是不是公司里可有可无的人物之前,别着急忙慌地抱怨,当务之急是增强自己的不可替代性,让自己变成公司的精英人物。

早期,美国福特汽车公司有一台大功率电机突然发生故障。经理请来许多工程师和专家"会诊",仍然没能找出电机故障的原因。实在没辙,经理只好请来了德国的电机专家斯坦因门茨。

他应邀来到现场,看看电机,听听运行的声音……最后,在机器上用粉笔画了一条线,说道:"把画线地方的线圈截掉16个单位。"于是,这台大功率电机很快恢复了正常运转。

经理感激地说:"请问,修理费需要多少?"

斯坦因门茨答道:"1万美元。"

在场的专家和工程师都惊讶地吐着舌头:"一条线值1万美元?"斯坦因门茨从经理手中接过修理费,对那个提出问题的专家说:"用粉笔画一条线1美元,知道在哪里画线9999美元。"说完,就转身离开了。

"知道把线画在哪里"是斯坦因门茨能力价值的所在,就这一点来说,他的确是不可替代,别说1万美元,就是2万甚至3万,相信只要不超过那台机器的价值,经理也肯定会很乐意支付。

曾经有人说:"我的工作是保卫国家军火库,这个岗位很重要,所以我的薪水也应该很高。"但是,很抱歉,这只能说明岗位确实重要,却不能代表你有多重要。就算换作别人,也一样可以站岗放哨。

由此可见,你在工作中体现出来的价值并不高。如果换一种说法,这些重要的地方只有你能保卫,而别人却做不了,那么此时,你对于工作来说就会变得重要,收入也自然会提高。

竞争是每一个人赖以生存的法则，原地踏步，安于现状，就会被超越；发展缓慢，步调懒散，也会被超越；即便是不停前进，脱颖而出，仍然有可能被超越……

好员工的价值不需要在老板或上司的施舍中体现，而是由自身能力的强弱来决定的。如果你缺乏足够出众的业绩支持，对于老板毫无重要性可言，那么你将随时都有会面临被社会淘汰的危险。

当然，不可替代的员工，从综合素质上来讲未必是最优秀的。之所以不可替代，是因为他们拥有自己独特的专长。

俗话说："三百六十行，行行出状元。"任何一个企业，都需要各方面的人才，不同岗位之间都有相应的不可替代性。

比如任劳任怨的保洁员、技术卓越的程序员、文笔出众的宣传员、热情周到的接待员、越挫越勇的业务员、头脑灵活的策划员等等，他们在自己的岗位上都是不可替代的。但若是交换一下，却要面临被开除的危险。

所以，想获得高薪，让自己变得重要，变得不可替代最关键的一步，就是明确自己擅长的工作，准确选择一个适合自己的职业，不断积累知识、经验，提升专业素质、能力，拓展自己在行业或专业领域内的声望和实力，将自己塑造成一把手。这样一来，你将会变得越来越不可替代，收入也会越来越高的。

你不妨好好想一想：假如明天离开公司，老板会真心实意地挽留你吗？

假如明天离开岗位，公司会很快找到合适的人选来顶替吗？

会不会因为暂时找不到接替你的人，而影响公司业务的正常开展呢？

如果会，那么你的职业地位就比较高；如果不会，那么你的职业地位就比较低。

所以，想获得更高的薪水，我们当然要更努力地工作，为企业创造更多的利润。在提高自己能力的同时，也让自己变得更重要，成为企业之中不可或缺的一分子。于是，加薪的日子也就指日可待了。

先学会付出再考虑收获

所谓"一分耕耘，一分收获"，一个人所取得的功勋伟绩，必然与其之前默默地努力付出紧密相连。在如今这个以成败论英雄的时代，能被人们记住的，往往是那些功名显赫的人，而对于那些吃尽苦头、付出艰辛却没有什么功劳的人则视而不见。正是这种不良的社会风气，使许多年轻人产生了急功近利的心理。无论面对什么事情，他们的首先想到都是"金钱"。殊不知，对于一个不懂得付出的人来说，金钱又从哪里来呢？

当然，这并不表示我们就不需要金钱。相反，金钱能够体现一个人的价值，是一个人生存生活的必需，是谁也不能忽视的存在。问题是，我们应该如何对待它，是将其当作生活的唯一，还是以此为桥梁，追求人生中更为重要的东西？

一般情况下，金钱和付出是成正比的。付出得越多，收获得越多。金钱背后是付出所折射出来的光芒。就这一点来说，我们把鲜花和掌声献给做出成绩，取得功劳的人，就是天经地义的了。如果你有了这样的认识，知道付出必然有回报，或许你也就不会在意金钱的魅力了。

美国国务卿康多莉扎·赖斯无疑是全体美国黑人的骄傲。

从小，她就立志成为一名杰出的政治家。在当时种族歧视十分严重的美国，赖斯的远大志向听上去更像是一个遥不可及的梦。黑人不能与白人同乘一辆汽车，黑人不能与白人共读一所学校，黑人不能进入白宫参观……这种种不公平的待遇，让年幼的赖斯感到十分苦恼。

父亲告诉赖斯说："作为一个黑人，要想改变自己的生存状况，最好的办法就是取得非凡的成就，获得至高无上的荣誉。如果你使出双倍的劲头，就能赶上白人的一半；如果你能付出四倍的艰辛，就可以跟白人并驾齐驱；如果你愿意付出八倍的努力，就一定能超越白人。"

赖斯被父亲的话点醒了，她开始数十年如一日地刻苦学习，勤奋工作。这个普普通通的小女孩，真的付出了相当于白人"八倍的努力"，也确实取得了一般白人无法企及的成就。

一般地，白人只会讲英语，而她除了英语外，还精通俄语、法语、西班牙语；一般的，白人26岁可能连研究生还没读完，而她已经是斯坦福大学最年轻的教授了；白人大多不会弹钢琴，可她却获得了美国青少年钢琴大赛第一名……此外，赖斯还学习了网球、花样滑冰、芭蕾舞、礼仪等多种技能。

在赖斯心中一直有一个标准，那就是：白人能够做到的自己要做到，白人做不到的自己也要做到。

果然是天道酬勤，当年"八倍的努力"换来了今天"八倍的成就"。黑人赖斯终于实现了自己的理想，成为当代国际政坛上一颗耀眼的明星。

试想，如果赖斯眼里只有金钱，每天只想着干多少活就必须索取多少报酬，那么，她还会有后来的成功吗？任何人通往成功的道路都是泥泞崎岖的，在取得功劳之前，我们唯一能做的就是付出再付出。上帝不会特别关照某个人，也不会完全辜负某个人。所以，当我们学会如何付出、如何努力、如何战胜自己的时候，金钱不是问题，与金钱有关的一切也都会自然而然被我们收入囊中。

但是，我们不得不承认，金钱和付出有时候也会不成正比。要将背后的付出转化为我们需要的金钱，不仅需要满足一些条件，更与一个人的工作岗位、人生际遇和所遇时机紧密相关。

尽管有些人平时下了很大的苦功，也付出了辛勤的汗水，可是，有的因为基础条件过差，一时间出不了成绩；有的因为从事着一些潜在、长远或是基础的工作，也很难见到成效；还有的则是因为本身从事着大量具体的工作，过于琐碎和零散，使得他们长期默默无闻，出不了看得见、摸得着的成绩……想象中的报酬总是与他们无缘。

也就是说，或许我们做出了比别人多得多的工作，付出了比别人多得多的辛劳，可是却没有得到相应的酬劳。对于这些，我们应该"风物长宜放眼量"，就像赖斯一样，不要在意自己的付出，更不要眼中只盯着金钱，而是用"八倍的努力"，毫不气馁地继续向自己设定的目标迈进。只有这样，你的人生才会在不经意中发生改变。

工作经历远比薪水重要

走上工作岗位，我们便开始踏入了人生的历练之旅。而这种历练便是我们成长最好的陪伴。如果我们能尽快地从这种工作经历中汲取有益的成分，我们便会迅速成长，快捷地实现人生的梦想；反之，我们将不得不为自己的幼稚和懵懂付出相应的代价。

工作是促使我们成长和检验我们是否成熟的最佳舞台。一开始，我们在工作中会遇到很多前辈，他们的实际操作能力、业务能力、交际能力、理解能力都比我们高，会给我们带来无形的压力。此时，我们会对自己在工作中所遇到的问题感到迷惘，对自己所领取的工资、所获得的待遇感到焦虑。

我们不知道为什么我们与他人有差异，也不知道为什么会产生这样的差异。于是，有时候，我们想争一口气，将工作做得更好；有时候，我们愤愤不平，渴望得到更高的薪水，或跳槽到一个有更高薪水的岗位上去。但是，对于刚刚走上社会的我们来说，这些都是不切实际的想法。因为从长远的角度来说，工作历练远比你所想象的那些东西重要，更比你眼中的薪水重要。

江涛现在是一家公司的业务经理，事业干得风生水起。谁也想不到，以前的他无论是在学校的表现，还是刚毕业走上社会时应聘到的岗位，与同班同学相比，都丝毫不起眼。而他之所以能出现"蜕变"，是因为他踏实，是因为他跟着上司在自己的工作岗位上扎扎实实地学习了好几年，直至他真正成长起来、优秀起来为止。

刚刚走上工作岗位时，江涛什么都不懂，在大学里所学的一切都运用不上。不仅如此,他的工资也仅仅是比当地的最低工资标准线高一点点。他愤愤不平,也颇有些失落,想重新找工作但对自己又没有足够的自信,他根本不知道自己能干些什么,不重新找工作又对自己活得如此狼狈不堪而愧疚。想来想去,他决定先学一点本事再说,等学了本事,有机会就跳槽。

当时,江涛的业务主管是一个40多岁的中年人,他看到江涛踏实肯干,也愿意培养他。于是,每次出访客户时,上司都带上江涛。江涛不仅认真地听上司与客户谈商务,遇到重点时还详细地记录下来。

上司做事干净利落,雷厉风行,从来不觉得自己所做的事情有什么难度,也从来不畏惧什么,哪怕困难就在眼前。他经常鼓励江涛:"小江,好好干,只要你开始真正地投入到了岗位中,不是草草地做事情,你就会有出头之日的!现在不要首先想着工资,你要好好地想想如何在岗位中历练,如何提升自己。"

受到鼓舞的江涛将他视为工作引导老师,通过观摩上司的工作技巧,学会如何去处理工作中的事,尤其是工作过程中的细小事情。

江涛跟着上司学商务谈判,如何说服客户,如何展示本公司产品的优势,如何在客户有所诉求时尽自己的努力满足他们的诉求,满足自己对于工作的期待。

不仅如此,江涛还学习上司开会时或者访谈时如何做笔记,学习他看哪些书,关注哪些知识,甚至学习他如何在工作过程中把握自己的生活节奏。

渐渐地,江涛懂得了很多的道理——为人处世、待人接物、商务谈判、学习生活,开始真正地成长了起来。两年后,江涛的业绩迅速上升,薪水节节上涨。而他也常常被上司夸奖,变得越来越优秀,有了自己的奋斗新目标,就更加自信和努力地去实现自己的更高目标。

孔子告诫我们:"三人行,必有我师焉!"在人生道路上,我们谁都不可能完美无瑕，谁都会遇到一些困难或者坎坷。但是，这是人生道路上必须经历的考验。有时候，我们会将金钱看得很重，殊不知，钱财这种东西只要你努力了，只要你能够有实力承受，那么它必定是会有的。人们成长到某一阶段，有了足够的能力和实力，接近或者拥有了成功，钱财就自然不会缺少了。

因此，江涛走上工作岗位后，以努力提高自己工作能力、增强自己实力为着眼点，以上司为老师，从上司那里学习值得自己学习的东西，使自己能够在工作中得到更多的历练，对年轻人来说，无疑是值得借鉴的。

很多时候，一些刚走上工作岗位的年轻人会对上司抱有敬畏、奉承甚至抵触的情绪，然而，若是想要在某个行业中做得更好，那必然是需要有一颗跟着上司学习的心，因为上司之所以可以成为你的上司，必定是有你所不具备的多种能力，否则，他也无法成为你的上司。

在工作时，人们往往很在意自己能够获得多少薪水。当然，薪水意味着自己能够生活得更好，更多的薪水也就意味着更好的生活。然而，人生的过程中，金钱是重要的，却有很多的东西比金钱更重要。金钱失去了可以再赚回来，而人生则没有回头路。每一个阶段都有独属于那个阶段的历练。历练的过程中所获得的道理与生活的经验，会让人们积累更多的成长和成才的资本。

初入职场，我们每个人都应该好好地掌握生活的节奏，不要害怕历练，也不要畏惧工资低，更不要与上司为敌。如果我们将上司当作自己的老师，将历练当成是自己的人生经历，那么，我们就能够让自己慢慢地拥有除去年龄以外更大的资本。

向前看不要向钱看

对于钱的理解，从古至今，莫衷一是。有人对他恨之入骨，说他是罪恶、肮脏、不仁不义的根源；有人赞美它，说它是成功的标志、幸福的源泉。"钱"真是个怪东西！"有啥别有病，没啥别没钱"，一句简单至极的话，道出了许许多多人的心声。

工作中，人们同样把钱看得很重要。很大一部分人认为，工作的目的就是为了赚钱，拼命地工作使自己得到发展就是为了赚更多的钱。人们常说：钱是万能的，它可以满足你所有的一切。这样的说法是不对的。首先，不说它买不回我们流逝的岁月，买不回我们丢失的健康，买不来我们前方的风和日丽，甚至我们现在急需的快乐和幸福它都无能为力。

我们不难会看到这样一些人，他们有车、有房、有不错的收入，可他们却还是生活得很劳累，每天都在拼命地工作，而更为可悲的是，虽然过着比较优裕的生活，可他们竟无法体会到快乐。尽管如此，可他们还是始终不能放慢生活节奏，轻松地面对生活。也许是为未来的生活担忧，也许是过于贪婪，他们一直都在为金钱而工作着，枯燥乏味的生活使他们丧失了快乐，他们几乎已经成了金钱的奴隶。

不要为钱而去工作。印度哲学家奥修就曾这样说道："钱是没有罪的，相反，它还是一个好东西。所以，不要放弃钱，要放弃只想钱的头脑。"我们对钱要有一个正确的认识，它的确会使人们过上优裕的生活，但是如果你一心只想着钱，成为金钱的奴隶，那么，即使你成了天下最富有的人，你也很难会生活得快乐。

聪明的人不会把钱看得太重，无论生活得是好是坏，他们都不会视钱如命，被钱所操控。也正是因为如此，他们总是能在繁忙的工作中享受生活的乐趣。而这一切都来源于他们乐观的心理和正确的金钱观。

约翰·D·洛克菲勒是美国商业史上第一个亿万富翁。他用不懈的努力为自己赢得了巨大的财富。更值得学习的是，他对金钱有着独到的见解，他在给他的儿子小约翰的一封信中这样写道：

亲爱的小约翰，我很想与你谈谈关于金钱的一点看法。我认识很多人，他们对待金钱的态度有着很大的差别。我曾和那些街头流浪汉一起喝过最便宜的酒，他们把仅有的钞票揉成团往我的口袋里塞；我也曾和那些证券经纪人聊天到深夜，他们操纵着大量的财富，可却从来不去碰一便士现金或硬币；我也见过有些有钱人不肯轻易拿出一枚铜板，因为他们害怕这会让自己受穷；我也见过慷慨的富人、犯罪的穷人，见过妓女也见过圣徒。

可以说，没有任何人不对钱感兴趣，因为它是生活中的一部分，是不可或缺的一部分。钱可以给你带来快乐，也可以给你带来痛苦，你可以用它为自己铸造幸福，也很可能会成为它的奴隶。重要的是，你怎么去看待它。无论生活得贫穷还是富有，到任何时候都不要为钱而工作，更不要为钱而活，那样，你将永远生活在金钱为你带来的痛苦之中，却很难体会到它为你带来的快乐。

作为一个亿万富翁，洛克菲勒对金钱理解得相当透彻。他认为，钱可以给你带来快乐，也可以给你带来痛苦，但无论如何，不要为钱而活着，因为那样你只能永远生活在金钱为你带来的痛苦之中。

2018年，刘钰毕业于北方某名牌大学金融系，离开校园之后她加入了"北漂"的大军，在北京来回辗转了几次之后，刘钰终于明白了什么叫作人才遍地。迫于压力，刘钰很"委屈"地选择了在一家公司中做文员。每天的工作内容就是千篇一律地整理会议材料、策划文案以及资料录入。工作枯燥乏味，加上公司在管理程序上有些问题，刘钰时常觉得前途渺茫。

2019年初，刘钰在网上看到一则湖北老家一家知名企业的招聘信息，她马上投递了简历。经过层层筛选，刘钰幸运地被该企业录取，并接到通知要她立即报到上班。刘钰十分兴奋，可之后她不禁犯了难。现在刚过了年，公司近7000元的年终奖还有不到半个月就能发下来了。刘钰经过了一个晚上的深思熟虑后，毅然向公司递交了辞呈，乘上了回家乡的列车。

刘钰说，虽然几千块钱的年终奖是一个不小的诱惑，但她并不愿意为了几千块钱丢掉一份对自己前途大有帮助的工作。"丢了年终奖这粒'芝麻',捡了前途这个'西瓜',我舍得,也值得,因为有舍才有得嘛。"

刘钰是一个选择向"前"看而不是向钱看的人。她摆脱了金钱带给自己的痛苦,初次尝到了战胜金钱的快乐。

近年来,有部分公司为了避免年终跳槽现象,加大了年终奖的"砝码"。因此,对不少人讲,年终奖这块"到嘴里的肉"丢了实在可惜,就不可避免地会在新工作和丰厚的年终奖之间徘徊不定。但是,当你竭尽全力工作,仍然找不到属于自己的发展平台和发展空间时,面对好的机遇,你该果断向"前"看,而不是向"钱"看。

一味沉默、等待,只能慢慢消耗热情和自信,错失良机是职场人最严重的错误之一。选择向前看才是明智之举。与刘钰的做法正好相反,金锋在面对年底跳槽时选择了向"钱"看。

金锋的工作其实很让周围的人羡慕。在公务员考试中,金锋以几分的差距没能进入面试,但同样优秀的成绩给他带来了一份就业机会,南京市某机关单位以合同聘用的形式录用了金锋。

上班了大半年,性格一向雷厉风行的金锋不大适应部门里的工作,总想趁年轻要出去闯一闯,不给人生留下遗憾。

工作之余,金锋给不少公司投递了简历,一些公司也陆陆续续地伸出了橄榄枝,其中一家外贸公司做销售业务的工作让金锋非常动心。但金锋考虑到不久就要发年终奖了,他是不会选择现在转职。

这笔奖金对他来说也是一笔不小的收入,他仍会以这种"骑驴找马"的方式寻找新的工作,但一定要拿到奖金之后再换工作。金锋自我解嘲地说:"无论怎样我也要站好年前的这'最后一班岗'。"

在我们周围，经常存在着这样一种就业观念，找工作只向"钱"看。评判一份工作的好坏，年薪、奖金、福利占有压倒性的优势，仿佛高薪的工作一定就适合自己，能够给自己带来长远的幸福。但现实却是，曾经任职于多家知名IT企业的北大研究生刘晴，30岁时在北京五道口卖起了卷饼。她并不是找不到高薪的工作，只是选择了更加幸福的自己。

就业向"前"看与就业向"钱"看，是两种不一样的就业观。向"前"看，追求的是长远的以整个职业生涯为尺度的幸福重量；向"钱"看，追求的是短暂的以短期大量的金钱为尺度的幸福瞬间。向"钱"看的就业观，在部分大学生群体中很有市场，将自己未来几十年的职业生涯以金钱明码标价，将自己几十年的工作激情以金钱打折贩卖。最后，造成了哪一个行业最赚钱，哪一个行业就会聚拢一大批蜂拥而至的追逐者。

现实的例子启示着我们，高薪的生活也许是旁人眼中的"美好"生活，但是更长远的幸福来自精神财富的质变，而这种质变的条件不只是物质财富量的堆积，更重要的是一份能够每天带给我们快乐的工作。所以，找工作一定要向"前"看。

第三节　不计较个人得失

把工作当成一种使命

在多数人看来，工作不过就是一种养家糊口不得已而为之的手段，甚至是一种苦役，怎么会跟幸福挂钩？如果不用工作就可以保证衣食无忧，相信不少人都会兴奋地喊出："我可以不工作了，我终于解脱了！"但你真的能就此获得幸福吗？

可能每个人都曾经有过这样的体会：刚开学，就盼着放寒暑假，然而等真放了假，不到一个星期，却又想上学了；厌烦了大都市熙熙攘攘的人群和忙忙碌碌的工作，早就盼着趁休假回老家过几天田园生活，然而回到家，过了没两天，却受不了夜晚的漆黑和寂静。

因为现实生活已经让我们习惯了工作，习惯了忙碌，习惯了必须做点什么……工作是人类与生俱来的职责，人的一生，必须要做事才可以体会到真正的幸福；人的一生，必须要工作才可以领悟出生命的真谛。

即便是富有到比尔·盖茨这个程度，赚到的钱几辈子都花不完，可是他依然没有停止工作。显然，工作早已成为他的使命，是他幸福生活的一部分了。

美国维亚康姆公司董事长萨默·莱德斯通被称为"75岁的年轻人"。在63岁那年，他开始着手建立一个庞大的娱乐商业帝国，旗下诞生了《泰坦尼克号》等让人记忆深刻的作品。

63岁，已经超过了普通人的退休年龄，然而萨默·莱德斯通没有选择常人退休后颐养天年的生活，而是重新回到工作中去。无论是工作日还是节假日，他总是一切围绕着维亚康姆公司转，个人生活与公司事宜之间没有任何界限，有时甚至一天工作24小时。

在萨默·莱德斯通看来，不管从事什么工作都好，有一个因素是极其重要的，那就是，"要非常努力地工作，要有非常坚强的意志，在做的过程中还要争夺第一，做到最佳，要有获胜的意愿"。

是的，工作不仅能让我们的人生更加充实更有意义，同时也帮助我们驱赶了很多烦恼和忧愁。就像我们身边不少领导，在职时个个都是风光无限红光满面，那是因为他们有工作有尊严，生活得充实而满足；可是退休不久，他们就会苍老了许多，那是因为他们不被他人需要了，没什么事情可做，当然也就满足不了自己。

这也正是如今会有这么多退休老人还在社区里发挥余热的原因。没有工作，对于一个人来说，可能表面丧失的只是生命归属，然而更深一层缺失的便是心灵寄托。当然，如果不信的话，你可以试着请一个星期的假，其他同事照常上班，不管你请假之后做什么，只要看看你是不是可以在这一个星期里，完全不去想工作的事情呢？

1978年夏天，商界传奇人物福特公司副总艾柯卡被叫进总裁室，亨利·福特宣布免去他一切职务。尽管之前早有心理准备，可此时艾柯卡还是按捺不住心中的怒火，慷慨陈词地列举自己8年来所取得的各项成就，并大声抗议。然而最后，他还是离开了。

　　这突如其来的"失业"，对艾柯卡来说就像是从珠穆朗玛峰坠入万丈深渊，几乎置他于死地；妻子气得心脏病发作，女儿也埋怨他无能。仿佛昨天自己还是英雄，而今天却成了狗熊，人人避而远之，真是应了那句"时来铁也生辉，运褪黄金失色"。

　　他愤怒过，彷徨过，苦闷过，甚至想到过自杀；他喝过酒，并对自己失去过信心，认为自己已经彻底崩溃，再也站不起来了。

　　然而，艾柯卡毕竟是艾柯卡，最终他还是没有向命运屈服，并且接受极大的挑战，应聘到当时濒临破产的克莱斯勒汽车公司出任总经理。凭着自己的智慧、胆识和魄力，他带领克莱斯勒公司起死回生，成为仅次于通用公司、福特公司的第三大汽车公司。他自己也重新获得了辉煌。

　　不可否认，工作有时的确很辛苦，尤其当你的工作性质属于重体力或者是高压力时，更是令人总恨不得立刻逃脱。那么，如果有一天真的不要你工作了，永远不再工作了，你觉得好不好呢？大家不妨跟身边的朋友打个赌，先抛开不工作就没饭吃的情况不谈，单是那种无聊已经足够把你逼疯了。

　　任何人在社会上，除了生存之外，还会有更多必不可少的心理需求，比如团队协作、人际交往、角色扮演、成就取得等等。失业后，你除了要承受经济上的压力，还要承受心理上的困扰；退休后，你可能会经常围绕着"我该做些什么"产生疑问，即使没有金钱方面的顾虑，也免不了会有健康方面的担忧。

　　所以，请不要再为今天的打工生活自怨自艾了，身体受点累没什么，流些汗也不要紧，最重要的是心里舒服。工作是一种幸福，为自己工作更是一种天大的幸福。虽然你现在还没有感觉，但希望在不久的将来你可以意识到，希望到时还不晚。

不要事事都去计较

英特尔公司总裁安迪·格鲁夫曾说："不管你在哪里工作,都别把自己当成员工,应该把公司看做自己开的一样。事业生涯除了你自己之外,全天下没有人可以掌控,这是你自己的事业。"

遗憾的是,很少有人能把工作这单生意做成,因为他们总是把老板与员工划分得非常清楚。比如,很多员工都认为自己每天加班加点,付出那么多的努力,就应该得到升职加薪的奖励。

可是很多老板却不这么认为,他们觉得员工还不够成熟,在能力上还存在着一定的缺陷,应该继续努力改进,而不是吵着邀功请赏。到头来,员工会因为自己的付出没有得到回报,认定老板是缺乏人情味的冷血动物。老板则会因为员工还没付出就想得到,认定他们不仅没有能力,更没有谦虚的态度。这样下去,双方的矛盾越积越多,必将无法更好地合作,甚至彻底决裂。

其实,作为员工大可不必事事计较,作为老板也没必要过于较真。一个有着主人翁精神的员工,不仅仅是企业利益的维护者,更是企业良好形象的宣传者。对于任何一个员工来说,能将企业当做自己的生意来经营,是做好一切工作的前提;对于任何一个老板而言,能拥有一个将企业看成自己生意来打理的员工,是获得蓬勃发展的根基。

杨飒在某贸易公司工作了三年,一直没有得到提拔。这一年,由于英国的一家分公司连年亏损,老板便派他过去收拾残局。杨飒明白,上级的意思是想把那里的员工全部裁掉,然后把公司剩余的货物运回来。

尽管清楚自己此行的目的,可杨飒还是决定按照自己的想法来实施行动,改变上级的目标,让这家分公司东山再起。在路上,杨飒的心情很纠结。

他想:虽然自己只是一个普通员工的身份,但也应该时时培养老板的心态,将公司看成是自己的买卖。如果能让一家即将倒闭的公司起死回生,不是更能体现自己的价值吗?

于是,杨飒没有"听话",而是将自己的想法付诸行动,尽全力去挽救分公司。当英国分公司大小事宜恢复正常时，杨飒心中有说不出的满足，而他的上级也特别感动。除了对自己手下的员工能有这样的觉悟和胆识表示钦佩之外，杨飒的上级还宣布由杨飒出任英国分公司的总经理，全权处理那边的一切。

很多在职场打拼的人，之所以最后有幸成为老板，就是因为他们能够从老板的角度出发去看待自己的工作，能够像对待自己的生意那样去经营自己的工作。能够高标准、严要求地来培养自己的"老板"心态。

只有不事事计较，我们才能够主动维护企业利益，顾全大局，更全面地考虑利弊得失；只有把工作当成自己的生意，我们才能够正确处理个人与企业的关系，坚决抵制损害企业形象的行为，并敢于替老板去做一些职权范围之内的事，我们才能更熟悉地了解老板的风格，更接近未来的老板。

谢凡瑶在一家大型图书商场做收银工作，两年来她恪守己任，自认为是一个非常出色的员工。有一天，谢凡瑶正在跟同事闲聊，碰巧经理正在附近巡查。经理走到款台附近，环顾了一下四周，然后示意她在后面跟着。刚开始，谢凡瑶很不理解经理的意图。但是后来，她发现经理一边走一边在整理顾客乱丢的书籍，码放不够整齐的柜台，以及散落在收银台附近无人认领的购物车。

看着这一切，谢凡瑶才恍然大悟，原来经理是在用行动告诉自己："你才是经营卖场的主人！"尽管这不是自己的本职工作，可是作为企业的一员，谢凡瑶应该知道主人翁精神的重要性。

经理转过身，对她说："其实你真的很适合做这一层的主管，只是还差一点奉献精神！你要把这里当做是你自己的生意。事实上，你在奉献的同时，不仅为企业创造了利润，自己也会有实实在在的收获，不是吗？"

一个把企业的事当做自己的事来认真对待的员工，无论走到哪里都必然会得到重用。因为所有的企业、所有的管理者都愿意拥有这样的手下，也绝对放心将企业的一切事务交给他们来管理。

如果你不事事计较，那么你肯定不会仅仅以达到普通员工的标准为满足，而是会自我拟定一个更高的目标去超越。目的并不是做给谁看，而是为了实现自己对自己的挑战!

世界上任何一个人,只要发自内心地将企业当做自己的生意去经营,处处为其利益着想,随时随地对自己的所作所为负责,并且持续不断地寻找解决问题的方法……把自己当做公司的老板,把公司当做是自己的事业,就一定会有真正成为主人翁的那一天。

对生活小事看开一点

有些人无论是对待同事,还是对待家人,总爱斤斤计较,从不肯吃一点亏。这类人往往把芝麻绿豆点大的事看得比磨盘还大,只要认为别人侵占了他一点利益,就坚决不答应,常常把单位和家庭闹得鸡飞狗跳,不得安宁。

斤斤计较是我们评价某个人心态和价值观的一项标准,遇到事情不肯做一点让步,分毫必争的人在与人交往中必定会令人反感。

斗量有多有少,秤头有高有低,天平有毫厘之差,凡事都有个概率,绝对的平衡和平均是没有的。宇宙间万事万物之所以永不停息地运动,就在于万事万物始终在进行着从不平衡到平衡又从平衡到不平衡的循环往复的变化。所以,宇宙间绝对的平衡和公平是没有的。既然没有绝对的公平,那么人生也就不应该为了区区小事而斤斤计较,苛求绝对的公平。

计较往往使事情复杂化和矛盾化,甚至斗争化,凡不愉快的事情大都由斤斤计较而来。凡事从大的方面把握,这应当是人们为人处世的基本原则。正所谓"大行不顾细谨,大礼不辞小让"。人生应当宽宏大度,避免斤斤计较。

王旭大学毕业后,因为在学校表现良好,各门功课都学得不错,再加上父母的一些帮助,在家乡的小城里找到一家效益很好的单位。

刚上班的第一个月,王旭非常主动,也乐于给同事们提供帮助,因为他初来乍到,业务不多,所以,办公室里的开水就经常由他去打。几天后,每天提热水壶上楼打开水自然成了王旭分内的事。同事觉得这是理所当然的,再说这位大学生是个年轻小伙子,身强力壮的，就没有在意，认为他应该打水。

  这天上午，王旭到外面办事去了，中午回到办公室想喝点水，但他揭开热水壶盖一看，里面空空如也。又累又渴的王旭突然觉得很委屈，但是，他也没有说什么，拿起水壶就去打水。

  晚上下班回家，他就想：我是去上班的，又不是专门负责打水的，为什么这么长时间就我一个人在干，太不公平了。他越想越生气，第二天刚到办公室，他就大声说，从明天起轮流打开水。他不愿一个人承包。

  就这样，本来同事们都对他印象很好，他却偏偏在这些小事情上斤斤计较，不愿吃一点亏，失去了人心。

  斤斤计较有两个方面，一个是利益方面，一个是感情方面。我们在与人相处的过程中，常常会看到这样一些现象：没有能力的人身居高位，有能力的人怀才不遇；做事做得少或者不做事的人，拿的工资要比做事的人还要高；同样的一件事情，你做好了，老板不但不表扬还要对你鸡蛋里挑骨头，而另外一个人把事情做砸了，还得到老板的夸赞和鼓励……诸如此类的事情，我们看了就生气，会理直气壮地说："这简直太不公平了！"

  公平，这是一个很让人受伤的词语，因为我们每个人都会觉得自己在受着不公平的待遇。事实上，这个世界上没有百分百的公平，你越想寻求百分百的公平，你就会越觉得别人对你不公平。

  其实，在一些蝇头小利面前，我们不该斤斤计较，最重要的是要摆正心态，不必事事苛求百分百的公平，否则就是自己和自己过不去。对生活中的小事看开一点，对已经过去的事情不要耿耿于怀，把精力和时间放在创造新的价值上。这样，就单个事情来说不一定公平，但从整体上来说却是公平的。

  另外，我们还可以设法通过自己的努力来求得公平，例如我们可以改变衡量公平的标准。公平是相对而言的，衡量公平的标准也不是一成不变的，当你换个角度来看问题时，你会发觉自己得到的比失去的要多。

不公平是一种进行比较后的主观感觉，因而只要我们改变比较的标准，就能够在心理上消除不公平感。而且产生不公平的心理也是因为不肯放弃自己的某些利益，如果你仔细想想，那些利益在你的生活中又能起到多大的作用呢？如果起不到多大的作用，那还不如放弃它。首先你可以赢得人心，其次，你也不必为了一些鸡毛蒜皮的事情伤脑筋。

有的人习惯于斤斤计较，他不觉得这样非常累心。其实不然，人的脑袋虽然有无穷的潜能还没有发挥，但是，当你的脑袋在被一些无关紧要的事情所累的时候，你的生活就会慢慢地转型，你脑子思考的问题也就渐渐地局限在了这些小事上。这不仅仅是浪费时间、浪费精力，还把你的脑力白白地浪费在了这些无用的事情上。

如果你能豁达一些，放弃那些蝇头小利，你的大脑只思考那些重要的、对你的人生起到"质"的作用的事情上，那么，潜能也会有无限发挥的空间。假如你有斤斤计较的时间，可以让大脑轻松一下，做一些对调节大脑有益的运动，岂不是更有意义吗？

不要和下属斤斤计较

一个企业的管理者，除了要有领导才能和专业知识以外，还应该具有高尚的道德品质和美好的情操。在日常的管理活动中，需要包容和理解下属，特别是不能和下属斤斤计较。

有些管理者在做人、做事和工作中，都表现得精明强干。当然，这是他们的优点。但是这种管理者也有缺点，比如爱出风头、喜欢当指挥。他们从来都不怎么相信下属的工作能力，甚至会把已经安排给下属的任务揽到自己名下忙碌地做着。

这些管理者对下属的要求相当严厉，下属稍有差错他们就会表现出极端的不悦。像这种情形，难免会产生一个结果，那就是在功劳的分配上和下属斤斤计较，千方百计想把下属的功劳占为己有。这是领导不能容人的最突出表现，尤其在中低层管理者中很普遍。

某公司的主管张强就是这样的一个人。这人在工作中会表现得很民主，他常常把大家召集起来，让下属们踊跃发表各自的意见。他总是会说："这个想法非常好，你将它写出来，务必在一个星期内拿出计划书给我。"

下属们听了这话都感到很高兴，争先恐后地作各种企划。每个人都兴奋地提供出自己的想法和意见，而且其中的一大部分，也都被张强吸纳、采用了。然而，公司的每一次业绩考核，下属们贡献出的创意和付出的努力却都归功于张强一个人。一年以后，张强的下属们全都离开了公司。

张强不了解那些员工离开的原因，他甚至感到很迷惑不解，不过他也没有多想。他认为可能是那些人的创意才能全都枯竭了。于是张强和其他部门交涉，调了几个新人到自己管理的那个部门。张强向这些员工提了一个要求，他说："我们这个部门，要发扬分工合作的精神，希望大家能够同心协力，提高我们部门的业绩。"

然而，没有人对张强说的话加以理会，他们心想："大家共同付出的创意成果，最后总要归于你一个人，老是和下属计较功劳的归属，这样的人不配做我们的领导。"最终，没有人愿意留在这个部门，张强也因此丢掉了主管的职务。

像张强这样，将自己部门内的工作，完全归功于自己，是作为一个主管很容易犯的毛病。任何工作，绝不可能始终靠一个人去完成。即使是一些微不足道的协助，也要表现由衷的感激，绝不可把下属的功劳都揽到自己的名下。作为一个主管，这是绝对要牢牢记住的。

一个高明的管理者不但不会去计较本来就属于下属的功劳，有时还会故意把本属于自己的那份功劳贡献给下属。有付出就有回报，人与人之间的关系都是双向的，得到爱护和关怀的下属工作起来才会更加努力。

身为上级的管理者把自己的功劳让给员工，也许有人会认为这样损失太大而不值得做。但想成为一个合格的管理者，自己不去真心对待别人，别人怎么能够真心为他付出呢？

当然，一个管理者，当你将功劳让给员工时，千万不要要求员工对你报恩，也不要以恩人的态度自居，以避免员工的自尊心受到损害。如果员工因此在工作中产生了逆反和抗拒的心理，反而得不偿失。

作为管理者，一定要有容人之量，因为金无足赤，人无完人。领导只有宽容待人，才能和下属和谐相处。俗话说："将军额上能跑马，宰相肚里可撑船。"这句话放到现代社会来理解，也是极富智慧的一句话。

所以说，管理者在工作中必须要有容人之量，对下属在各方面的表现和功劳分配上都不要斤斤计较，这样才有利于上下级之间建立起良好互信的工作关系。只有在这种工作氛围中，公司的每个员工才能释放出自己最大的能量。

一个优秀的管理者，肯定是一个有容人之量的管理者，而一个表现得小肚鸡肠、斤斤计较的管理者是不会受下属欢迎的。

不要和身边的人计较

一个人要想生活在快乐中，就一定要放宽心胸看世界，不能斤斤计较，特别是不要和身边的人计较，否则，很难获得人生的快乐。不计较，说起来是一件人生小事，但却反映出一个人的胸襟和情怀。

不计较，就没有锱铢必较的狭隘，你的心情就会坦然一些；不计较，就没有对手间的剑拔弩张，你与别人之间的关系就会和谐一些；不计较，得之淡然，失之泰然，心境平和一些，人生就会快乐很多。

人生中不如意的事情是随时随地存在的，比如说：无缘无故地，领导把你训斥一番；防不胜防地，评职称被人挤了名额；莫名其妙地，邻居把你痛骂一顿；糊里糊涂地，和老婆又吵翻了……你说气人不气人？无论是在工作中还是生活上，不如意的事情总像影子一样跟着你，给你带来了无尽的烦恼。

面对这些不如意的事情怎么办？是把它放在心上，时时折磨自己，还是不与它斤斤计较，坦然一笑，让它随风而去？我想聪明的人应该选择后者，因为计较是人生痛苦的开始,为了多与少的差别和人争吵不休;为了名与利的争斗和人反目成仇;为了一些琐碎小事和人大打出手……这样斤斤计较的结果只会让自己活得很累,找不到人生的快乐。

了凡禅师非常喜爱兰花,他在寺旁的庭院里栽植了几十盆各种各样的兰花。除了讲经说法外,他把余下的精力都投在了照料兰花上。庙里的和尚都说,兰花就是禅师的生命。

一天,禅师外出讲经,他让弟子在闲暇时给兰花浇水、除草。可是,弟子在侍弄兰花时一不小心把花架绊倒了,整架的盆兰都打翻在地,毁坏了很多兰花。弟子害怕极了,心想:"师父回来看到心爱的盆兰被毁,肯定全大发雷霆。"

于是,这个犯错的小和尚就和其他师兄弟商量,等禅师回来后就赶紧认错。

奇怪的是,禅师回来后听说这件事,一点也不生气,反而笑着安慰弟子说:"我之所以种植兰花,一是用它来供奉佛祖,二是美化寺院环境,可不是想生气才种兰花啊!凡是世间的一切都是捉摸不定的,不要纠结于一件事,这样你就会产生很多痛苦!"

在场的弟子们听了禅师这番话,对禅师更加尊敬佩服了。

庙里的和尚都说,没有什么人能让了凡禅师生气。有人曾问了凡禅师:"世人诽谤我、欺负我、侮辱我、厌恶我,怎么办?"了凡禅师回答说:"你只需由他、任他、忍他,你看他怎么办。"有弟子向他诉说:"山下有一恶人,经常向我吐口水,怎么办?"了凡禅师回答:"你对他笑,对他施礼,你看他怎么办。"

了凡禅师从不和人计较什么,整天笑嘻嘻的。了凡禅师活了一百多岁,最后无疾而终。

可见,凡事不计较,这才是不纠结的秘诀。小和尚打破了大师心爱的盆兰，他却说："我不是想生气才种兰花啊。"他虽然喜欢兰花，但心中却没有兰花这个挂碍，这正是禅师胸怀宽阔凡事不计较的表现。

可是在生活中，能做到像了凡禅师这样凡事不计较、不纠结的人是少之又少。有些人总是把金钱、名利、权位这些物质的东西看得太重，凡事都喜欢计较，时刻算计着是你得的比我多，还是我得的比你少。这样斤斤计较的结果就是不仅和自己过不去，而且和别人过不去，既激化了矛盾，又弄僵了人与人之间的关系，失去了做人的快乐。

倩倩和男友准备结婚了，于是决定买一套婚房。他们跑遍了城市的各大楼盘，终于选定了一套总价120万元的现房。房价水平虽远高于两人的工资水平，但男友说了，他负责首付，倩倩负责装修和电器家具。男友家庭条件还不错，家里给他留了一套二手房，不久前刚卖掉就为了买婚房时付首付，那套房听说卖了60万元。

选好了房回家，倩倩十分高兴，想着终于能跟相恋六年的男友拥有自己的房子了，这是每天做梦都盼着的事情啊！每天早上，倩倩都是笑着从梦中醒来的。

在办理房子手续的那一天，男友准点到达，身后还跟着他的爸爸妈妈，倩倩想着可能是准公婆担心他们办不好手续，前来帮忙的吧。于是倩倩满脸笑容地迎上去，婆婆亲热地挽起倩倩的胳膊，她们一起走向服务台。

在办理手续时，工作人员问："房子写谁的名字啊？"

有说有笑的四口人突然间冷场下来，倩倩觉得这是个很简单的问题，他和男友结婚房子当然是写他们两个人的名字，要不怎么是婚房呢？可男友却正为难地看着他爸妈。一时间大家陷入了一阵尴尬的沉默……

男友将倩倩拉到一边，低声告诉倩倩说，他的父母希望房产证上只写他一个人的名字，因为老两口竭尽所能凑了整整80万元，所以希望能写自己的名字落个安心,以免将来出什么差错。

听男友这么一说,倩倩明白了,可倩倩心想:按照两人的约定,房子一到手,她就得出钱装修买电器买家具,这也是一笔不小的开支呢,那怎么算呢?而且,两人结婚了,房贷肯定是两人一起负担,虽说余下的钱和首付的80万元相比不多,可40万元也不是个小数目呀。想到这里,倩倩有一种不被信任的感觉。

于是,当天房子的手续就没有办下来,后来倩倩父母在听到消息后也觉得非常生气,心想:我们把女儿都嫁给你们了,你们还这样计较,真是小心眼。

双方为这事见了好几次面。倩倩父母提出:如果房子只写男友的名字,那么房子后期的装修和其他一切开销都由男方承担才对,而男友父母却觉得装修至多也就花个20万元,比起80万元太少了,如果一定要写两个人的名字,那倩倩家应该也拿80万元出来。

就这样在来回争执中,倩倩伤心欲绝,他和男友之间的沟通越来越少,说不上三句话,话题就转到了房子的问题上,他们吵架的次数越来越多。后来,两个人都不堪重负,他们选择了分手。

一桩相恋了六年的婚姻最终因为房子问题搁浅了,这不能不说是个悲剧。问题的根源出在哪里?就是因为双方太过于计较了,尤其是男友的父母,把金钱看得太重,这样斤斤计较的结果只能是亲手毁掉了小两口的幸福生活,儿子女友最终以分道扬镳告终。

是呀,凡事不要斤斤计较,留三分余地给别人,其实就是留三分余地给自己。生活不是单纯的取与舍,也不是单纯的得与失。很多时候,我们都太喜欢计较了。为了名,为了利,为了一时之气,白白让自己身心负累。其实,快乐生活的秘诀就是不计较。不斤斤计较,该是你的,还是你的;不是你的,依靠计较得到,最终也会失去。

为一点小事计较不值得

人生短暂,记住不要浪费时间去为小事而烦恼。也许我们多次原谅自己的许多大错,但是有时却对某一个小小的失误耿耿于怀,甚至抓住不放。想来何必呢?把宝贵的时间和精力浪费在区区小事上不值得。

不为小事斤斤计较的人,一般心胸都比较宽广。心宽者路也宽,这类人在人生的道路上大都能实现理想,走向成功。

有一个叫詹姆斯的人,意外地继承了一个牧场,而他恰好喜欢过农耕的生活,于是举家迁到这里,在牧场里快活地生活起来。

有一年的夏天,他养的一头牛,为了偷吃玉米而冲破篱笆,跑进了一个农夫的地里,最后被愤怒的农夫杀死了。以当地牧场的共同约定,农夫应该通知詹姆斯并说明原因,但是农夫没这样做。

詹姆斯知道这件事后,非常生气,于是带着佣人一起去找农夫理论。农夫的家非常远。而且此时正值酷暑。他们只走到一半,人和马便气喘吁吁,大汗淋漓,几乎都要虚脱了。好不容易抵达木屋,农夫却不在家,农夫的妻子热情地邀请他们进屋等待。詹姆斯进屋后,看见妇人十分消瘦憔悴,而且桌椅后还躲看五个瘦得像猴子似的孩子。

不久,农夫回来了。妻子告诉他:"他们可是顶着烈日而来的。"詹姆斯本想开口与农夫理论,可能还要打架,但最后,他想了一下,只是伸出了手。农夫完全不知道詹姆斯的来意,便开心地与他握手、拥抱,并热情邀请他们共进晚餐。

这时,农夫满脸歉意地说:"不好意思,委屈你们吃这些豆子。原本有牛肉可以吃的,但是还没准备好。"

孩子们听见有牛肉可吃,高兴得眼睛都发亮了。

吃饭时,佣人一直等着詹姆斯开口谈正事,以便处理杀牛的事件。但是，詹姆斯看起来似乎忘记了，只见他与这家人开心地有说有笑。饭后，天下起了暴雨。农夫一定要两个人住下，等明天再回去，于是詹姆斯与佣人在那里过了一晚。

第二天早上，他们吃了一顿丰盛的早餐后，就告辞回去了。

在酷暑中走了这么一趟，詹姆斯对此行的目的却闭口不提，在回家的路上，佣人忍不住问他："我以为你准备去为那头牛讨个公道呢？"

詹姆斯却微笑着说："是啊，我本来是抱着这个念头来的，但是，后来我又盘算了一下，决定不再追究了。你知道吗？我并没有白白失去一头牛啊，因为，我得到了一点人情味。毕竟，牛在任何时候都可以获得，然而人情味却并不是很容易得到的。"

生活中，大多数的人都在追求物质上的满足，表现在言行上便是为了小事斤斤计较。然而当物质需要得到满足之后，我们的心是否真的充实了？故事中的詹姆斯，尽管失去了一头牛，却换得农夫一家人的笑容和幸福，以及难得遇见的人情味。这段经历，更让他觉得生命中哪些才是无价的。

虽然我们每个人不大可能因为一点小事而发动一场战争，但我们肯定能因为小事而使自己周围的人不愉快。要记住，一个人为多大的事情而发怒，他的心胸就有多大。

运气不会从天而降

职场上，许多人总会认为那些获得老板青睐的人是因为运气好，继而抱怨自己时运不济，却不知他们成功的背后付出了多少汗水。所以，不要相信运气，想要获得成功，就要努力去争取。

美国哲学家爱默生曾说："只有肤浅的人才相信运气，坚强的人相信凡事有果必有因，一切事物皆有规则可循。"对于自己的工作，千万不要等着运气降临，而是要用一切的力量充实自己，这才是你所谓的运气门神。

许振超是青岛港桥吊队队长，是改革开放前毕业的"老三届"。在人们的印象中，这一代人受教育少，年龄偏大，相当一部分人都成为下岗再就业的"特困户"。

但是，许振超不但没有下岗，而且成为世界一流的技术专家，不仅在合资公司里身担重任，就连外国合资方都聘用他。原因就在于他从不相信运气，脚踏实地地工作，他在日记中写道："悟性在脚下，路由自己找。"

因为种种原因，打碎了许振超清华北大的梦想。但是，他没有因此消沉，他选择了用知识改变命运。他刚进青岛港当皮带机电工时，努力学习电工知识，看设备图纸，逐渐掌握了电工技术。领导见他好学，就调他去操作当时最先进的机械门机。

这一下，他更来劲了，把队里仅有的几本技术书都看遍了，就到处找同学借书看。他还从牙缝里省钱买书。新书贵就买旧书，他骑自行车跑40多里路，到书摊上讨价还价买旧书。

然后，他就挤时间去看书。别的工友打扑克，下象棋，聊天，而他都在读书。30多个春夏秋冬，许振超从来没有停止过学习，他家里的书橱里摆满了与机械、电气有关的书籍、报刊、工具书等等，他读过的各类书籍有2000多册，写了近80万字的读书笔记。功夫不负有心人，他从一名只有初中文化程度的普通工人成长成了一名一手绝活、两破世界纪录的金牌工人。

"九层之台，起于垒土；千里之行，始于足下。"许振超的成功之路没有捷径可走，靠的更不是运气，而是多年来立足本职工作刻苦钻研业务的结果。而如今，许多年轻人都有急功近利的习惯，看不起基层的工作，一进单位就开始瞄准官位。一旦自己不被重视，就埋怨自己运气不好，抱怨老板有眼无珠。

对于运气，只有一句话，那就是，不要相信它。运气好或不好，都只是不肯努力的人寻找的借口罢了。好运，是你用心付出，努力前进所灌溉出来的果实；坏运，是你努力不够，好高骛远的结局。

曾经担任英国航空部部长的比佛布鲁克对这个观念坚信不疑，他认为努力才是最可靠的。他讲道："我常警告追求成功的人，不要依赖运气，没有任何想法比依赖运气更愚蠢更不切实际。这个世界依循因果关系在运作，运气可说是不存在的。有时你以为某人成功得很侥幸，但他为成功付出的巨大代价岂是你所能体会的？"

如果我们一味地相信运气会从天而降，那么就会不断地拒绝身边的各种机会，不愿接受各种磨炼和考验，最后当然没有人愿意再给我们任何机会。

而真正聪明的人，会把运气放在一边，抓住每个可以帮助自己更上一层楼的机会，不放过任何使自己成功的可能。

有人可能会嘲笑那些脚踏实地埋头苦干的人太傻，认为这样的成功路未免会走得太远了一些。但是，最起码脚踏实地的人没有暴起暴跌的危险，他们的成功是持久而可靠的。

他们从不怨天尤人，从不埋怨运气不佳，他们只会检讨自己，并再接再厉。所以，他们的成功有着深厚的基础，就算风急雨狂，地动天摇，也不会倾倒。每走一步，就离成功近一步。这与那些总是因为走错路而不得不一次次从头再来的人相比，反而是条捷径。

如果你期待从天而降的运气助你成功，那就和守株待兔没什么两样。只有努力争取，才会得到运气的垂青。任何时候运气都不会从天而降，许许多多比你有天赋的人，不按照"一分耕耘，一分收获"的思想行事，妄想撞运气而获得成功，最终使得自己穷困潦倒。

他们太过相信运气会从天而降，而不去付出实质的努力。他们经常表露出悠然自得的样子，在闲逛中耗费时间，看似活得轻松，但实际上内心极度空虚。

所以，吸取教训吧！运气不会降临到那些没有准备的人身上。世界上没有天上掉馅饼的好事，要想成为老板的左膀右臂，成为企业不可或缺的重要人物，唯一的路就是脚踏实地，认认真真去对待自己的本职工作，相信一分耕耘就一定会有一分收获。

真正追求成功的人，毫不在意运气，他们通常将运气撇在一边，抓住机会，不放过任何让自己成功的可能。他们不会等待运气护送自己走向成功，而会努力换取更多成功的机会。他们可能会因为经验不足，判断失误而犯错，但他们会从错误中不断学习，等他逐渐成熟后，就会成功。

职场中，不要让所谓的运气抑制了你前进的动力。唯有努力付出，才有可能得到自己想要的结果。天上没有掉馅饼的好事情，运气或机遇都是公平的，它不会厚此薄彼，要有好运气关键在于你是否为运气的到来做好了充足的准备，是否积极争取过。那些看似运气很好的人，并非是获得上天的恩赐，而是时刻准备，努力争取得来。在他们眼里，运气也许存在，但并非随意从天而降于任何一个人。

多付出才会有收获

很多人认为，只要"不迟到、不早退"就足以对得起老板给的那份薪水了。殊不知，你需要对得起的不是老板，而是自己。

某天，你与昔日同窗偶遇，寒暄过后，对方递过名片，你不禁被上面赫然印着的"某公司技术总监"几个大字惊叹不已。随后，回想起十年前两人冬日里煮酒论英雄的场景，自己何尝不是壮志凌云，豪气冲天。

可如今，同窗车房在手，春风得意，而自己却还是领着微不足道的薪水望房兴叹。此时，你心头疑云密布："十年光景，差距竟会如此之大？难道是自己资质太差？还是生不逢时，上天不肯给自己出人头地的机会？"

其实，昔日能成为同窗，今日能一起吃饭，应该可以证明彼此之间没什么太大差别。为何你至今仍然平庸，同窗却飞黄腾达？原因很简单，在老板吩咐你们建造房子的时候，你只把房子当成了老板的，而同窗则把房子当成了自己的。

虽然都是盖房子，但实质意义却相差甚远。毕竟每个人对自己的东西会非常用心，非常爱护，对别人的则不会过于在意。所以，如果你把工作当做是在为自己盖房子，就一定会尽心尽力，苛求完美。如果你把工作当做是在为老板盖房子，就会凑合加敷衍，只求合格不求卓越。这样一来，不同的态度，自然会得到不同的结果。

在美国有位盖了一辈子房子的老人，因为工作勤奋认真，深得老板的信任。由于上了年纪，老人准备退休回家，与妻子儿女共聚天伦。尽管老板十分舍不得，可是见老人去意已决，也只好答应了，并希望他在退休之前，能再盖一座房子。

老人应允得十分勉强，无可奈何地留下来盖房子。但是此时，他的心早已飞回家，想着如何与家人度过晚年生活。不仅用料方面没有严格把关，做工也失去了往日的水准。很多地方明明可以做得更好，可为了节省时间，老人都草草地敷衍过去，一味地想抓紧时间把房子建完。

老板看在眼里，什么也没有说。房子比预期提前一个月完工了，老人收拾东西准备离开时，老板将大门钥匙交到他手里说："现在它属于你了！辛苦了一辈子，这是我送给你的退休礼物。"

老人愣住了，心中的悔恨和羞愧难以言表。想到自己这一生盖了无数精美绝伦的房子，谁知到最后，却为自己盖了这样一座粗糙拙劣的房子。如果早知道这是老板送给自己的礼物，就是披星戴月，也要把它建成世界上最好的房子呀！

同一个人，既可以盖出豪宅别苑，也可以建成粗劣民居，并不是因为技艺减退，而仅仅是为别人还是为自己。在职场，很多人都抱着这样的想法，认为工作就是在为别人盖房子。盖得再好，也轮不到自己享用。

况且盖得好与盖得不好，领到的薪水都一样，又何苦自己为难自己，说得过去就行了！事实上，这是一种懈怠敷衍的行为，是很不负责任的表现。

也许在短时间内，工作及格与工作优秀的差别并不是很大。但是，时间久了，距离就会逐渐显现出来。那些总是以及格来要求自己，敷衍老板的员工，会慢慢变成公司里"弃之可惜，食之无味"的鸡肋。

等需要裁员的时候，这些人的名字当然将毫无悬念地被摆在其中。而那些处处以优秀来要求自己的员工，不仅在工作中提升了能力，身价也会一路飙升，再加上凡事尽心尽力的态度，自然越来越受到老板的关注和青睐。

当我们以为自己盖房子的热情来为公司工作时，老板必定会为自己拥有如此关心企业前途、关注企业发展的员工而自豪。也只有这样的员工，才能取得老板的信任，从而被赋予更多的使命，获得更大的荣誉。

20世纪初，美国历史上出现了首个年薪高达百万美元的打工仔——查理斯·施瓦伯。施瓦伯出生在美国乡村，只接受过很短的教育就做了马夫。

18岁那年，他来到一个建筑工地打工。从踏进工地的那一刻开始，施瓦伯就下决心要成为最优秀的人。于是，当别人抱怨工作辛苦，酬劳太低的时候，他依然默默地积累着工作经验，自学着建筑知识。

在某个夏夜，施瓦伯像往常一样，躲在角落里看书，恰好被检查工作的经理遇到。他看了看施瓦伯手中的书，又翻了翻旁边的笔记本，什么也没说。

第二天，经理把施瓦伯叫到办公室，问道："你学那些东西干什么？"施瓦伯回答："我想，公司并不缺少普通工人，而是缺少既有经验又有专业知识的技术人员及管理者，不是吗？"经理赞许地点了点头。

一些同事很不理解施瓦伯的想法，经常讽刺和挖苦他。对此，施瓦伯做出的回答是，"我不光在为老板打工，更不是纯粹为了赚钱，我是在为自己的梦想打工，为自己的前途打工！我们必须不断提升，使自己的劳动所产生的价值，远远超过得到的薪水。只有这样，才可能被重用！"

没多久，施瓦伯就被提升为技师，接着又成为总工程师。25岁那年，他出任建筑公司的总经理。39岁那年，他出任美国钢铁公司的总经理，年薪100万美元。

想在最短的时间内出人头地，开辟出一片属于自己的天地，就应当从现在开始，竭尽所能地把老板的天下当成自己的天下来打。只有把工作当成自己的，我们才会要求尽善尽美。

虽然房子盖好之后是归老板所有，但它们体现出的却是我们的价值。如果每次交付的都是烂尾工程，那么又凭什么指望有一天老板会提拔自己呢？所以，就算不满意自己目前的工作状态，也不能盲目地走进人才市场。

要是没调整好心态，没端正好态度，没认清在为谁工作……就算换了新的环境，也会因为缺乏资本而不得不重蹈覆辙，一遍遍地上演平庸的故事。

千万别做表面文章

"老板不在，这时候不侃侃大山真是对不起自己！""老板不在，我做不了主，干脆休息休息得了！""老板不在，抓紧时间打个盹，等老板回来了再好好干！"……

你是不是觉得，老板不在的时候，偷一点懒，耍一点滑，老板根本就不会知道，难道他还能长着千里眼不成？如果你这样认为，那你就错了。虽然老板没有千里眼、顺风耳，但你在做什么，他的心里一清二楚。

别把工作变成耍给老板看的猴戏。也许，老板一直盯着你，你的神经都快要崩断了。现在，总算熬到老板出国考察或是项目谈判，怎能放过放松的机会。如果你把老板不在当做自己敷衍工作的借口，受损失的不是老板，而是你自己。

事实上，老板不在正是考验一个人的时候。此时，我们更应该坚持自律，保证老板在与不在时一个样，以免因小失大，丢了饭碗，断送了前程。

乔德宇是某大型咨询公司的员工，同事都说他有点小聪明。只要老总在，他工作起来便会非常卖力，干完自己的还不忘帮着别人。看到乔德宇工作认真努力，表现这么好，老总很高兴，打算提拔他做自己的助理。

可是，一旦老总有事外出，乔德宇立马就变了一个人似的，长出一口气，念叨着："放松，放松。"乔德宇认为，只要让老总看到自己努力工作的一面就行了。而老总不在的时候，上网聊聊天、打打游戏，看看与工作无关的报纸杂志，或者和同事乱侃一通都无所谓。

然而，天下没有不透风的墙，乔德宇这种两面派的嘴脸终于被老总掌握了。有一次，老总故意声称自己要出去，结果却杀了个回马枪，正好看见乔德宇手舞足蹈地在网上打游戏。被老总逮了个正着，等待乔德宇的将是什么？相信大家很容易想到的。

在现实生活中，人们对待工作常常会产生这样的想法：公司属于老板，自己只是个打工的，没必要拼死拼活地干。于是，抱着一种应付的心态去工作。当着老板的面，他们个个积极上进，忠心耿耿，都像是不可多得的人才。然而背着老板，他们便会显露出懒惰、懈怠、自私甚至有些丑恶的嘴脸。

或许你会说："我不是为了谋生去工作，而是为了彰显生命的魅力才去付出努力。"要是真的当然最好，但倘若你只是当着老板的面才努力工作，背着老板就放松要求，那么你真的努力了吗？对得起老板的信任吗？

回想一下，你曾经趁着老板不在的时候，都做了些什么？是一如既往地认真工作，还是稀里糊涂，得过且过？要知道，这些因为老板不在而形成的懒散、拖沓、敷衍等不良习惯所带给我们的危害，一点不比其他恶习少。

所以，想要成功，一定要杜绝各种小毛病，争做让老板信得过的优秀员工。如果老板对你的评价是忠诚可靠，就要恭喜你了。忠诚，这是对一个员工人品多么神圣的赞许啊！

在日本，有位开着巴士的娇小女孩，她总是穿着整洁的制服。每当乘客上车后，她都用温柔的声音说："欢迎乘车！"在途中，女孩一边开车，一边不时地提醒车上的乘客："我们马上要转弯了，大家请坐好扶好。""前面有车经过，所以要稍等一下。""马上要进站了，要下车的乘客请提前做好准备。"

然而，最令人感动的是她在交接班后，总是静静地站在路边，朝着小巴行驶的方向深深地鞠躬。不管晴天还是雨天，在这条安静的小路旁，人们总会看见这个瘦弱的女孩，恭恭敬敬地对着她的乘客离去的方向，深深地鞠躬。

相信女孩想表达的既是对乘客的尊重，也是对自己职业的尊重，在弯腰鞠躬的那一刻，她的内心一定是洋溢着幸福的。

我们常说，一个人在工作中的表现如何，完全可以反映出这个人的一生。即使老板看不见，也要一丝不苟地履行职责。这种有修养、重操守、能自律的人正是职场紧缺急需的，他们的职业前景也必然会是一片光明。相反，那些人前人后形态迥异、偷奸耍滑、自作聪明的家伙是不会赢得老板好感的，他们的职业前景也无疑会黯淡无光。

要知道，良好的品格修养为的是我们自己。正所谓君子慎独，越是在没人看见的时候，越是需要自制，越是要保持良好的操守。因为群众的眼睛是雪亮的，老板的眼睛也是雪亮的。就算今天没有注意到，明天也一定会看见。

我们要做的其实很简单，就是老板在与不在时一个样！甚至老板不在时，表现得还要更好一些。毕竟工作不是做给别人看的，而是为自己的未来打拼用的。

第三章
不抱怨

有些人似乎天生就爱抱怨，抱怨老板、抱怨同事、抱怨工资、抱怨客户、抱怨薪水太低付出太多……好像世界上就只有他是最不幸最倒霉的人，不抱怨他就没法过日子。可是抱怨有用吗？抱怨不但不能缓解所面临的窘境，不会解决你的问题，只能让你的生活越来越糟……停止抱怨吧！停止抱怨，或许你的生活马上就会改观。

第一节　抱怨是无能的表现

抱怨不能解决任何问题

抱怨，是最没影响力的语言。遇到困难、心情不好的时候，看淡一点，静静地思考一下面临困境的原因在哪里。当我们遇到困难的时候，每一个人都会或多或少地抱怨生活中的不公平。回想一下，我们在满腹牢骚时，能解决什么问题呢？

对上司满腹牢骚时，上司觉得像你这样的员工很难缠，公司的规定自有他的道理，奖金的分配也是有根有据的，你这样满腹牢骚，到底是对谁不满意呢？从此以后，一个不好的印象就留在他那里，这似乎对你没有什么好处，非但没有，你还有可能因为自己的一两句抱怨，在以后的工作中，失去更多升职和加薪的机会。

对于同事也是如此，你的牢骚满腹，只能让他们认为你这个人一点都不沉稳，稍微有一点不顺心，就会心怀不满。一个人想方设法让别人觉得自己有修养还来不及，为什么要用一两句毫无作用的牢骚，来毁掉自己好不容易才建立起来的良好形象呢？

公司要裁员，小文和小肖都被列在了解雇的名单上，按照公司的规定，被解雇的人员第二个月必须离开公司。

小文回家后，痛哭了一场，第二天到了公司，还是愤懑不平，她逢人就抱怨："我平时在公司干得这么卖劲，这么多人，凭什么要把我裁掉？公司真的是太不公平了！"

而且越到最后，话说得越难听，甚至有些话里的意思是，她之所以被裁员，是有人背后告了她的状。除此之外，她还把宣泄不完的愤怒都发泄在工作上，该她负责的工作故意拖延，甚至有很重要的数字文件也不认真处理。

小肖和小文的遭遇是相同的，但她态度却完全不一样。小肖虽然心情也很沉重，毕竟这是自己工作了多年的公司，而且待遇不薄，所以她没有向任何人抱怨，她觉得公司这样做也是不得已而为之。于是她暗下决心，先做好手头的工作，以后再寻找更好的机会。

在公司里，她在工作之余也会和同事们表示遗憾，说一些大家以后不能再在一起工作的话，并且及时地交接工作，以免自己走后给他们带来工作上的不便。

一个月后，公司却只通知小文一个人离开公司，人事主管的解释是："公司准备多留一个人，小肖在工作上仍然认真负责，且毫无差错，所以留下了她。"

不但在职场中，在家庭生活中也是如此，牢骚满腹，总是抱怨，会让家人没有安全感，也会让他们觉得你对他们来说不再是可以评判正确与否的标准，因为你总是吹毛求疵，对于他们认为没有问题的事情也挑三拣四，你的威信因此会大打折扣。

所以说，抱怨是最没有影响力的语言，遇到困难、心情不好的时候，看淡一点，静静地思考一下面临困境的原因在哪里，用什么方法可以解决。不但自己不发牢骚，还去安慰那些和你一样遭遇困境的人，这正是建立威望的好时机。

抱怨是负面情绪的宣泄

"我错了，我真的错了，我就不该嫁到这个地方来，我不嫁到这儿来，我的夫君就不会死，我的夫君不死，我就不会沦落到这么一个伤心的地步。"

看过电视剧《武林外传》的人，想必都会对同福客栈佟掌柜的这段唱词耳熟能详，这段唱词在整部电视剧中出现的频率之高，已经不能用一百以内的数字来计算。每每遭遇挫折，平日里乐观开朗的佟掌柜总会甩起水袖，掩住面庞，然后满是悔意和苍凉地用陕西腔调将这段话悲苦地吟出。

当你在电视机前为着佟掌柜动不动就进行的此类表白捧腹大笑时，是不是也从中看到了自己的影子呢？

女友莫名其妙地吵闹着向你提出分手、前两天还对你很是器重的上司突然之间便对你不冷不热、在平整的大马路上走着走着就一个趔趄扭伤了脚踝、一向精明的你在不经意间便被骗子那并不高明的手段玩弄于股掌之间……

在每个人的生命中，总是会猝不及防地遭遇到各种各样的光怪陆离之事，而负面情绪，便伴随着这些事情的出现汹涌而来，伤心、失落、愤懑、烦躁、难过、郁闷便也随之成了现代人的口头禅和常态。

约翰在华盛顿的一家大型电器企业工作。最初进入到这家企业的时候，他只是一家分店的一名普通员工，而他负责的工作，便是日常的货物搬运和店铺的清扫工作。

在这个岗位上，约翰勤勤恳恳地工作了十年。在这十年里，他无怨无悔地忍受着顾客的刁难、上司的责骂、同事的排挤、工作的挫折、妻子嫌弃的唠叨……

这十年过得很漫长，但因为他一直都在积极地追求着，因此还算是充实而平静。十年之后，约翰不再是那个默默无闻的小导购员了，他成了十几家连锁店的领导核心。而他在攀上事业顶峰的时候，却逐渐感到了失落。

在一个闲适的晚上，约翰夹着雪茄在新别墅的宽大阳台上回忆起了自己的辛劳岁月。在这十年中，工作似乎一直就是他活着的动力和核心，他把自己三分之二的时间都投入到了奋斗和数不清的应酬之中。

儿子出生的时候，他因为要参加一次重要的资格考试而没有陪在妻子身边；父亲突发脑血栓住院，而他自己却因为生意远在法国；亲人的生日派对，他从来都没有时间亲自参加，只是从蛋糕店订购一个生日蛋糕送去；十年来，他从没有和妻子共度过一次情人节，而陪着儿子去动物园的次数也寥寥无几……

想到这十年的付出和辛劳，现在拥有的名誉、金钱在他眼中突然变得一文不值，而这所装修华美的新居，竟也令他感到厌恶。

"我对现在的生活厌恶极了,从早到晚的工作,我没有一点时间去感受生活,去享受和家人在一起时的快乐。"

"我把那么多的时间花在了那些毫无意义的事情之上,比如整晚地陪着那些可能和我产生利益关系的客户喝酒、想方设法博得一些陌生人的欢心、参加上流社会那些无趣又喧嚣的晚宴、整夜地待在办公室里处理那些不着边际的数据,我没时间给儿子换尿布、没机会去参加他的家长会、周末的时候没办法和他一起在花园里打球,因为我必须陪我的客户打那些慢悠悠的高尔夫……我厌倦现在的生活,我觉得很累!非常累!"

在第三根雪茄快要抽完的时候,约翰深情而又有些愠怒地跟妻子发起了牢骚。牢骚过后,他便作出这样一个决定:辞掉工作,然后轻松平静地去过普通人的生活。

第二天,他便向上司提交了辞职申请,上司再三劝他再考虑考虑,可约翰态度坚定得仿佛十头牛都拉不回来。劝阻无效后,上司只好作出妥协:"我不批准你辞职的要求,但我可以给你放个长假,在你想要工作的时候,我随时都欢迎你回来。至于辞职申请嘛,我先替你保管着,等你回来的那天,我再交还给你!"

"那随便你好了,如此枯燥无味的生活,我是再也不想重复了。"说完这句话后,约翰便洒脱地离开了上司的办公室。

离职以后,约翰便带着一些积蓄来到一个风景迷人的小岛上度假。这里的空气是那么清新,而人们的生活又是那样安逸,躺在温暖的海边,约翰甚至有了永远生活在这里的想法。

日子一天天地过去,十多天后,约翰却再也找不到初来岛上时的那种闲适和放松了,他突然开始怀念以前忙碌的日子,在这种情绪的主导下,海边轻柔的微风也让他觉得厌烦。

于是,他又开始了抱怨:"这样的日子有什么意思,看着太阳从天尽头升起,然后便躺在海边等待着她慢慢落下,没有变化,也没有新意,百无聊赖……"

在这样的抱怨中，小岛上的诸多美好再也激不起约翰一丝一毫的兴奋。又忍受了五天的寂寥之后，约翰便回到了曾被自己唾弃的那个喧嚣俗世中，继续激情澎湃地投入到以前的工作里去了。

　　在负面情绪出现的时候，抱怨便是人们用来麻痹自己的一种逃避现实的方式。在负面情绪的影响下，很多自己曾经坚持的人生观和价值观在顷刻之间就变得一文不值。于是，值得抱怨的事情又多了些，生活便显得更加黯淡无光。

　　其实，当你被负面情绪左右的时候，那些牢骚、抱怨虽然可以让自己暂时放松，但它们却并不是你真正的需要。

　　当这种因为情绪波动而产生的美好希望被满足以后，你便无法再从中找寻到更多的满足感和幸福感了，而唯有在直面现实的时候，你才能在创造生命价值的过程里，找寻到自己真正的幸福和满足。

　　抱怨和逃避，只是一场负面情绪的喧嚣盛宴，看似庞大而隆重，但与追求和理想比较起来，却寡淡得没有任何意义。

抱怨是逃避现实的工具

　　世界上的爱抱怨之人，大体上可以分成两类：一类人是光说不做的空想者；另外一类人，便是想都懒得想，只知道一味埋怨世道不公的"全职"抱怨者。让我们来看看这两种人的人生是如何阻塞在抱怨里的……

　　在伦敦，有一个名叫克里斯汀的女孩子。她的父亲是当地一家声誉很高的大型医院的脑外科医师，母亲则在伦敦一所著名的大学里任教，克里斯汀便在这样一个可算得上是极其幸福的家庭中长大。

　　从克里斯汀懂事起，她便对演员这个职业有着异乎寻常的热爱，在很小的时候，她便常常学着电视里那些歌手的样子拿着麦克风摇头晃脑地唱歌，家人也总是被这个小人儿惟妙惟肖的表演逗得捧腹大笑。

　　在上初中之后，克里斯汀便更加坚定了自己想要当演员的理想，她觉得自己生来就具有当演员的天赋，因为她即使不说话，也可以用肢体表现出任何她想表达的意思，或诙谐，或深情。

朋友们都很愿意和她聊天，因为她极强的语言表达能力和丰富的表情与肢体语言总是能让别人感到轻松和愉悦。而且，克里斯汀还有一个绝招，那就是不管在任何场合，只要她愿意，她随时都可以流下眼泪。

她自己常说："只要有人能给我一次在镜头前露脸的机会，我一定会用我的笑容和表演征服所有的人。"克里斯汀想当演员的愿望很强烈，可在现实中，她却没有为自己的这个理想做过任何努力，因为父母虽然对她这个演员的职业规划不反对，但似乎也并不怎么支持。

而她自己呢，也不知道如何凭着一己之力去实现这个理想。日子一天天地过去，克里斯汀按着父母的想法和安排上高中、上大学、上研究所，然后在一所大学做讲师。

时间一天天流逝，克里斯汀距离自己曾经的梦想越来越远，而曾经的理想，只会在她工作不顺心或是心情郁闷时的牢骚声中出现："我本来可以成为一个像褒曼那样举世闻名的好演员，可我却生不逢时，没有遇到赏识我的人，长这么大，我居然连一次星探都没有遇见过……唉，演艺界没有人来挖掘我，我只好在教师这个岗位上耗费着我的青春和生命了……"

和那些忙着把所有时间和精力投入到为实现理想而努力奋斗的实干家比起来，空想者似乎有更多的时间和精力去发牢骚，在大谈理想之后，便忙着大叹现实的不平和与自己的格格不入。于是，理想便在这些空想家的抱怨和牢骚声中变得沉重起来，人生也似乎因为理想的沉重而变得充满了苦楚。

在现实中，空想者是根本不可能取得任何成就的，因为他们不敢或是根本就不愿为自己的理想而奋斗。他们所能做的，只是抱着那个永远都不可能实现的理想，也可以说是幻想期待着奇迹的发生。牢骚，也自然而然地变成了他们平衡情绪或逃避现实的工具。

抱怨是一种不良的习惯

长期的抱怨会侵蚀你的生理与心理健康。如果你没有学会给自己良性的心理暗示，至少不用不良的暗示来迫害自己。不分场合、不分对象地习惯性抱怨，什么都改善不了，还会失去原本可能到手的东西。

我们都知道，抱怨不是一种好习惯。在几千年前，荀子就说过："自知者不怨人，知命者不怨天，怨人者穷，怨天者无志；失之己，反之人，岂不迂乎哉！"

法国作家罗曼·罗兰也说过："应当让人懂得，他是世界的创造者和主人，对于世间一切不幸他都有责任，生活中美好的东西、荣誉也属于他。"因此，面对工作中暂时不完善的地方，我们最好不要牢骚满腹，不要怨天尤人，不要像裁判员、检察官那样居高临下地评判、抨击和指责别人，而应当看到自己的责任，拿出实干的精神和勇气来。

对工作和公司产生种种抱怨情绪，甚至采取一些消极对抗的行动，这是人的一种正常的心理反应。但是，一味地抱怨，不仅什么都改善不了，还会失去更多的东西。

有一位资深人士准备到一家新公司应聘，在众多竞争者中他的工作经验最丰富，学历最高，工作成绩也最显著。经过复试，他本已脱颖而出，却没想到最终被录用的竟不是他。

他很惊讶，到这家公司问个究竟，得到了这样的回答："的确，您的经验、能力是最突出的，但从您对您原来的公司的形容中，我们发现您是一个很喜欢抱怨的人，抱怨中午的工作餐不是人吃的，抱怨工作差、工资少，抱怨空有一身绝技却没人赏识……您口中的前公司那么差，而据我所知，我们两家公司的规模和体制差不多，我想您到我们公司来也一定会有同样的想法，所以……"

所有公司的领导都会认为，抱怨只是一种无能的表现。工作中不可能事事如意，也许暂时会有不顺，但不可能永远地失衡下去。只有将之化为动力，才能真正地提高工作效率，收到实际的效果，才会得到领导的认可。

某心理学家做过一个关于抱怨的心理测试，得出了这样的结论：如果你想抱怨，生活中一切都会成为抱怨的对象；如果你不抱怨，生活中的一切都不会让你抱怨。

有位成功人士说得好:"就算生活给你的是垃圾,我认为,你同样能把垃圾踩在脚底下,登上世界之巅。"

何况,一味地抱怨不但于事无补,有时还会使事情变得更糟。所以,不管现实怎样,都不应该抱怨,而应该换种想法来思考问题,靠自己的努力改变现状并获得幸福。

比如,我们应明白骑在驴上找马这个道理。现在这份工作的经验,是你开始另一份更适合你工作的垫脚石。没有一份经历是全然失败的,这份工作至少让你多了一个总结经验的机会。"他山之石,可以攻玉"。在不断的调整中才有可能寻找到自己的最佳位置,可这个前提是,你得首先有个位置作为坐标。

不要浪费过多的时间在无聊的事情上。如果你的工作让你一点成就感也没有,那就赶紧想办法另谋高就,而不是不停地抱怨。抱怨不会提高你的口才,也不会让你得到什么有益的经验。只会使你浪费更多的时间,从而错失更多的机会。

另外,不抱怨就是给自己良性的心理暗示。心理暗示的作用是非常强大的,我们都知道良性心理暗示的正面作用,可很少去想不良心理暗示的负面作用。

当人忧郁、气愤、心情不佳时呼出的气体是有毒的,这个你知道吗?长期地抱怨会侵蚀你的生理与心理健康。如果你还没有学会给自己良性的心理暗示,至少你不应该用不良的暗示来迫害自己。

最后,也是非常重要的一点,如果你真的要发泄而抱怨,那么你必须要分清场合,看清对象,你可以和家人或知心好友说说,他们是真正关心你的人,会用心地倾听,并且可能会给你一些好的建议。切忌同那些交情一般且有工作关系的人去抱怨,否则,只会给你带来不利。

请记住:在工作中,没有什么是一成不变的。如果你不能适应,不能调整心态,就永远无法摆脱烦恼。一切都会变好的,你的生活也是美好的。对生活中的困难和人生中的困惑,只要你坚持乐观向上的态度,充满信心,咬紧牙关，少一点抱怨，多一些热爱，那么所有的美好都将属于你。

抱怨只会给自己增加痛苦

抱怨相当于赤脚在石子上走路，而乐观是一双结结实实的靴子。

抱怨的人以为自己经历了世上最大的困难，却不知道听他抱怨的人也经历过这些，但是感受不同。抱怨是什么？抱怨就像烟头烫伤破气球一样，让别人和自己都泄气。

宽容地说，抱怨为人之常情。"居长安，大不易"，难道不允许别人说一说苦闷吗？

然而，抱怨不可取，就在于：你抱怨，等于往自己的鞋子里倒水，使行路更艰难。苦难是一回事，抱怨是另一回事。抱怨的人认为自己是强者，只是社会太不公平，这就如同说全世界的人都合伙破坏他的成功。

抱怨不同于坦然承认自己的失败。敢于承认失败的人，会赢得别人的尊重。而抱怨，是明明失败却把伤口装扮成花朵一般的庸人。人们本来容易同情弱者，由于抱怨的人气急败坏，反而会得不到别人的同情。

抱怨的人在抱怨后，心情会变得更糟，怀里的石头不但没减少，反而增多了。常言道，放下就是快乐，包括放下抱怨，因为它是心里很重但又无价值的东西。

人们往往倾心于那些乐观的人，实际上是倾心于他们表现出来的超然。生活需要的信心、勇气和信仰，乐观的人都具备。他们在自己获益的同时，又感染着别人。

乐观包括豁达、坚韧，让人觉得困难从来都不是生活的障碍，而是勇气的陪衬。和乐观的人在一起，自己也会得到乐观。

有一位美丽的妇人，带着她半生的积蓄，来到了一座大城市，准备在那儿开一家美容院，平平安安地过一生，谁料到，当她准备下火车的时候，钱却被小偷偷走了！她站在那里一下子就呆了！

可过了一会儿，她又想道：只不过是丢了钱而已，我并没有丢失我所有的一切啊！我还有朋友，还有家人，抱怨只会让自己的面容更加苍老而已！

后来，那位美丽的妇人终于借钱开了一家美容院，而且生意越来越火。因为人们相信，有这么美丽容颜的女人，她的技术肯定一流。最后，那个女人成了百万富翁。

瞧！多么豁达、聪明的女人！她懂得抱怨是于事无补的。其实，在你的生活中，只要像那位妇人一样，你也就成功了，因为你没有失去全部。想一想，这世界上还有那么多比我们更加困难、更加可怜的人们，他们不是照样活得好好的？所以，我们的思想要乐观，要乐观地去面对每一天，你真的就成功了！

许多人都抱怨过处境的艰难，发现无济于事之后便缄口了。抱怨相当于赤脚在石子上走路，而乐观是一双结结实实的靴子。

抱怨会让你处于尴尬位置

抱怨并不会解决问题，只会让你处于尴尬的位置，心平气和地去观察问题并加以解决，问题的结果会比抱怨更好。

尼克松在担任美国总统之后，基辛格曾抱怨不公平，并讥讽尼克松"根本没能力治理好美国"。但是，他的这些行为并没有影响到尼克松总统对他的重用，尼克松仍聘任他担任国家的安全助理。

对于尼克松的这种低调处理姿态，基辛格深为感动，并决定倾其全力帮助尼克松总统。后来，基辛格以其渊博的知识、独到的见解、过人的胆识纵横国际政坛，成为驰名国际的外交家。

而尼克松总统以其宽宏大量的胸襟，不仅成就了自己的伟大事业，也为世人留下了宽容的风范。

正如跳高、跳远，先要退到后面很远的地方，起跳时才会有强的冲击力。生活也是如此，退后一步，就是为了更好地前进。忍一时的不冷静，对人对己都有好处。当不愉快的事情发生后，退一步想，就会海阔天空。

在实际生活中，不管你多么有能耐，多么无情，总是有人比你更有能耐，更加无情。抱怨世界不公，拼个鱼死网破，倒不如后退几步，另求他路。

一天上午，一位美国人突然气势汹汹地闯进上海某饭店的经理室抱怨道："你就是经理吗？我刚才在大门口滑倒摔伤了腰。地板这么滑，连个防滑措施都没有，太危险了。你马上领我到医务室去。"

见此情形，经理并没有因为这位不速之客的抱怨声而生气，反而很客气地说："这实在抱歉得很，腰部不要紧吧？马上就领您到医务室，请您稍坐一下。"

美国人坐在椅子上，继续抱怨不停。饭店经理见对方已经镇定下来，便温和地说："请您换上这双鞋，已和医务室联系好了，现在我就领您去。"

早在美国人闯进来时，经理已经看清他的腰部没有多大问题。所以，当美国人离开经理室后，经理就把换下的鞋悄悄交给一名服务员说："这双鞋后跟已经磨薄了，在我们从医务室回来以前把它送到楼下修鞋处换上橡胶后跟。"

检查结果确如所料，未发现任何异常，那个美国人也完全冷静下来，随后一同回到经理室。经理说："没什么异常比什么都好，这就放心了。请喝杯茶吧！"

这时美国人也感到自己方才太冒失了："地板太滑，太危险，我只是想让你们注意一下，别无他意。"

经理说："很冒昧，我们擅自修理了您的鞋，据鞋匠说，是后跟磨薄才导致打滑的。"

这位美国人接过刚刚修好的鞋，看到正合适的橡胶鞋跟时，对高超的技巧大为惊讶，便高兴地说道："经理，实在谢谢您的厚意，对您给予的关怀照顾我是不会忘记的。"

于是，愉快地握手后，美国人再次向经理道谢，之后走出经理室。经理送他出门时说："请您将这件滑倒的事忘掉吧，欢迎您再来！"美国人频频道谢，然后消失在人群中。从此，只要这个美国人到上海，必定住进这个饭店并到经理室致意。

这位美国人最后之所以能够满意而去，就在于这位经理能够在抱怨面前保持理智，顺着对方的意见，并用柔和的语言和切实的行动把这位美国人的怨气化解于无形之中，从而制止了事态的扩大。

抱怨并不会解决问题，抱怨只会让你处于一个尴尬的位置，心平气和地去观察问题的缘由并加以解决，结果会比抱怨更好。

试着退后一步，即使一时处于劣势，也不要太在意，只要在心灵上获得了某种轻松、潇洒的感觉，在精神上做好了向前冲的准备，你便会取得最终的胜利。

抱怨只会让你失去宝贵的机会

千万不要抱怨工作中的各种小事，往往平凡的工作中蕴藏着机会。

人们往往对离自己最近的地方熟视无睹，也往往看不出日复一日的工作琐事中有什么值得挖掘的机会。

初入社会的年轻人很容易将机会与运气混为一谈，其实，机会与运气是完全不同的两个概念。运气，不需要作任何准备，只要碰上了，不费吹灰之力便能够财运亨通或平步青云。运气具有非常大的偶然性，任何人都不能拿自己的一生去赌。而机会，则常常把自己打扮成挑战或挫折，只有那些在平凡的工作中善于用心并敢于接受挑战的人，才能发现并抓住机会。

一位咨询师说了这样一个故事：一个长期在公司底层挣扎，时刻面临着失业危险的中年人来到我的办公室。他讲话时神情激昂，抱怨老板不愿意给自己机会。

"哦？"这样的抱怨我有些耳熟。

"前些日子，公司派我去海外营业部，但我觉得，像我这把年纪的人，怎么能经受如此的折腾呢！"他义愤填膺。

"为什么你会认为这是一种折腾，而不是一次机会呢？"我问。

"难道你还看不出来吗？公司本部有那么多职位，却让我这个年纪一大把的人，去如此遥远的地方。"

这个中年人因为抱怨而失去了改变人生的一次机会，结果自然是无法继续在公司工作。

杰瑞是一家超市新来的员工，而且是最基层的员工，做包装工作。如果说公司要裁员的话，他也许是第一个被考虑的对象。但杰瑞进入公司就告诉部门经理说："我有时间的时候可以来您这里帮忙，我希望多了解一下您部门的工作情况。"然后，他又到畜产品部对他们的领导说："我有空时希望可以来向您学习学习。"之后是安全部、管理部、清洁部……几个月下来，杰瑞走遍了公司的所有部门。以后当某个部门有人请假时，大家自然想到的就是杰瑞。

后来，超市生意一度不景气，与杰瑞同时来的三个人相继离开了，一名经理也因此被辞退，鉴于杰瑞的表现，他被提升为经理。

在日常生活中，我们千万不要抱怨工作中的各种小事，往往平凡的工作中蕴藏着可贵的机会，因为它可以让老板多认识你，而你对老板的影响力也不是一两天、一两件事就可以产生的，机会往往蕴藏于各种平凡无奇的小事之中。

生活和工作中到处充满着机会：学校中的每一堂课都是一次机会；每次考试都是生命中的一次机会；医生面对的每名患者都是一次机会；报纸中的每一篇文章都是一次机会；每次失败的训诫都是一次机会；每一笔或大或小的生意也都是一次机会……

放弃抱怨，调动自己全部的智力，全力以赴，只要勤勤恳恳地把自己的工作做得比别人更完美，你就能发现机遇，否则抱怨只会让你失去最宝贵的机会。

抱怨是失败时的借口

从前，有一对生活贫困的兄弟，他们靠捡破烂维持生计。

这天清晨，兄弟俩又像往常一样，早早地便沿着那条每天必走的街道开始了拾荒生活。令人奇怪的是，偌大的一条街道上今天却没有什么可捡的东西，只有一排散落在地上的三四厘米长的小铁钉，沿着路面蜿蜒曲折地向前延伸。

"不知道是谁运送钉子的时候袋子破了个洞……"哥哥弯着腰，边捡边对弟弟说道。

"我管他是谁丢的呢，我才不会去捡，不值钱的小玩意儿！"看着哥哥如获至宝的样子，弟弟满脸的不屑。

可哥哥却不理会弟弟的态度，依旧弯着腰，仔细地将散落的铁钉一个个都捡了起来，当走到街道尽头的时候，哥哥已经捡满了一口袋的钉子。

天快黑的时候，弟弟便提着空空如也的袋子陪哥哥去了废品收购站。还没走到收购站，兄弟俩远远地便看见门口的大牌子上赫然写着"高价回收小铁钉"。于是，弟弟便眼睁睁地看着哥哥用那袋铁钉换了一大把钞票。

"这么多的钉子，你怎么不去捡啊？"废品站老板看弟弟站在一旁满脸失落的样子，便好奇地问道。

"那小钉子我也看到了啊，可谁会对那些不起眼的小东西感兴趣呢？更何况你也没事先告诉我今天会高价回收，我要是早知道它这么值钱的话，肯定去捡了……"弟弟既抱怨又沮丧。

"那我今天就告诉你，这一周我们都会高价回收这样的小铁钉，你去捡吧！"弟弟的抱怨让废品店老板也不高兴了。

第二天一早，兄弟俩又沿着那条街道去捡破烂了。今天的路上，没有铁钉，但却有一摊散落在地上的大米。哥哥见了，又像发现宝物一般蹲在那里一粒粒地捡了起来。

而弟弟呢，对哥哥的行为仍旧嗤之以鼻："啧啧，你指望今天还有谁会去高价收购这些米粒？我还是不跟着你做这些没有用的事情了，我得赶紧去找个地方捡钉子去！"

哥哥和弟弟就这样分道扬镳，各干各的去了。傍晚，哥儿俩便又聚到了家里。弟弟愁眉不展，因为他连一颗铁钉都没有捡到；哥哥今天也战况不佳，他也什么都没有捡到——除了那半袋大米。

一进门，哥哥便解开袋子把今天捡来的米下到锅里熬粥吃，而弟弟呢，却空着肚子在一旁发着牢骚："我的运气简直是坏透了！你昨天一不小心就能捡到那么多钉子，然后还卖了那么多钱。可我呢，在街上四处寻了一天，却连一个钉子都没有捡到。早知道是这样，我就应该跟你去捡大米了，那样的话，也不至于像现在这样连饭都没得吃！"

在生活中，很多人就像故事中的弟弟一样，在遭遇失败的时候，总是摆出一副可怜兮兮的样子，然后把失败的原因归咎于诸多"客观"因素，比如说这几天状态不好、同事间缺乏合作、资料搜集不全或出现误差、所从事的事情并非自己擅长的，更有甚者，还会用"生不逢时"等愤懑之语作为自己失败之后的总结。

聪明的人，在遭遇失败之后，并不会对事情的结果抱怨不已，他们会静下心来，客观冷静地对事件的整个过程进行反思和探讨。除了总结之外，他们对失败最常用的评价就是："肯定不会再有下次了！"

这样的理性和硬气，对那些表面上表现得痛彻心扉的人来说，显得更加深刻和有价值。同样的错误，绝对不会再在他们身上发生，因为他们反思过，他们也为失败痛心和努力过。

而那些不太聪明的人，当失败袭来的时候，他们就像是故事中的弟弟一样，被形形色色的失败结果蒙蔽了双眼，然后一味地纠缠其中难以脱身。

"我怎么这么倒霉"、"我怎么就没听人家的劝告早些把股票抛出去"，他们也在反思，可他们着力去寻找的却不是失败的原因，而是如何将失败与自己的能力分离开来。因此，他们的"分析"，在旁观者看来，便是怨天尤人，而且还软弱得有些可笑。

闻名世界的美国西点军校，不仅培养出了一大批优秀的军事人才，同时也走出了无数个具有传奇色彩的商界精英。而在这所百年老校里，一直都流传着这样一个传统，那就是学生在回答长官的问话时，不管自己有多少理由和借口，最后只能有四种回答，那就是："报告长官，是！""报告长官，不是！""报告长官，不知道！""报告长官，没有借口！"

除此之外，不能再多说一个字，也不能再为自己进行任何辩解，因为军官看重的只是结果，而士兵长篇大论的解释在他们眼里，便只是毫无意义的狡辩。

"失败是没有任何借口的！"军官们遵循着这样的思想，同时也想让这样的思想在士兵身上延续下去。因为这种方式看似极端，但却能让从这里走出去的学生们更有能力去适应压力。在今后的人生中，他们无论做什么事情，都不会因为这样那样的借口而放弃。

失败尽管在所难免，可成功最终会属于他们，因为成功总是更青睐那些敢于面对失败，并能从困境中坚强站起来的人。

蔑视别人就是轻视自己

在很久很久以前，天鹅和鸭子是一对亲兄弟。天鹅生性憨厚，总是一副呆头呆脑的老实样子，因此，它总是受到周围其他动物的嘲笑；而鸭子呢，生来就机灵敏锐，学什么都快，所以，它便是周围动物们羡慕的对象。

长大之后，为了学习飞翔的技艺，它们两个一同去拜山鹰为师。在山鹰老师的教学计划里，第一阶段的学习任务就是教它们两个从小树上跳下，以训练它们控制翅膀的能力。

在刚开始的那几日里，天鹅和鸭子都兴致勃勃起早贪黑地在山鹰的指导下，一次次地从树上跳下。可几天过后，鸭子便开始失去了兴趣："唉，真不知道老师是怎么想的，干吗每天都让我们俩像傻瓜一样在那棵小树上蹦来蹦去，这么多天都在做这些毫无意义的事情，它到底什么时候才会教我们飞翔的真功夫呀！"

"你别着急呀，想要飞起来，一定要先学会控制自己的翅膀，山鹰老师的训练方法不就是想让我们能好好地驾驭自己的翅膀吗？"天鹅耐心地劝说道。

"驾驭翅膀？哼，还用它教，我多么聪敏，我生来就会！"鸭子边说边炫耀似的扇动起自己那短小的翅膀。

"我们已经练习了这么多天了，山鹰老师肯定很快就要教授我们飞翔的技巧了，你再忍耐几天吧！"天鹅苦口婆心地劝说道。

鸭子无奈，只得点头答应，但在接下来的日子里，他对这项练习明显的没有那么认真了，老师不在的时候，他便跑到河边捞鱼吃；如果有老师在的话，他也只是敷衍地略略扇动几下翅膀。

时间过得很快，可山鹰依旧让它们两个在树上蹦来蹦去，丝毫没有要传授它们飞翔技巧的迹象。唯一不同的是，它们跳下的那棵树比以前高了些。

天鹅毫无怨言，依旧起早贪黑地从那棵树上扇动着翅膀跳下来，而鸭子呢，更加烦躁不已："山鹰到底想干什么？这么多天过去了，只知道让我们从树上往下跳,丝毫都不教授我们真正的飞翔技巧!你看它是怎么教他自己的孩子的,它总是先把它们衔到悬崖边,然后趁那些小不点儿不注意的时候将它们推下去,它们在空中惊慌失措地扑腾几下,然后就飞了起来!你看,学习飞翔本来就很简单,我们也可以像小山鹰那样在瞬间就振翅飞翔的,可它就是不那么干。算了,我还是不在这里浪费时间了,我要去另访名师了!"

鸭子在向天鹅发泄完自己的牢骚后,便作出了最后的决定。

"你不要跟小山鹰比呀,飞翔本来就是山鹰的本能,所以小山鹰能飞起来。可我们从前就不会飞翔,我们需要慢慢学习……"

"你不要再说了,我已经决定去寻找更适合我的老师了,你就待在这里吧,你比较笨,很适合这样的学习过程!"鸭子粗暴地打断天鹅说,然后去拜金雕为师。

鸭子在金雕那里学习了几日,又开始抱怨了:"唉,这是个什么地方呀,四面高山一处山坳,环境狭小幽闭,在这里能练出什么本事呀!还是算了,这里根本不适合我!"说完,鸭子便又离开了金雕的巢穴,前往更遥远的地方拜师去了。

后来,鸭子又陆续向很多会飞翔的动物学习过飞翔的技艺:它曾到大海上向海鸥求教,也曾到沙漠里向秃鹫求学,它甚至还曾虔诚地在麻雀那里拜师学艺……

可每次学习的时间都不超过三天,它不是抱怨环境艰苦,就是说人家的教学方法不对,要么就嫌弃人家教授课程太慢,不适合它。

时间慢慢地过去了,当天鹅经过严格的训练已经能振翅飞翔并成为远近闻名的飞行家时,一直以聪慧自居的鸭子却一直一事无成。鸭子在飞行上唯一的提高,便是扑腾着翅膀勉强从一个池塘"飞行"到另一个池塘,飞过之后,一地黄尘、一地羽毛……

当鸭子在地面仰望着天鹅在头顶上绝尘而去时,它总会向身边的其他动物发出这样的感慨:"唉,天鹅也就是命好,跟了个适合自己的老师,其实它是很笨的,我这么聪明,要是早点遇到适合我的老师的话,我肯定飞得比它好,说不定你们想见我的时候,都得上珠峰上找我呢!"

现实生活中,类似故事中鸭子的抱怨并不鲜见:"他在上学的时候学习成绩没我好,而且也不是班干部,没我那么好的组织能力,可他为什么就能在毕业后短短两年内成为我的上级呢?"

"就他那点儿能力,嘿,别说我小看他,跟我比差远了!要没有我的辅助,他那个经理的位置能坐得那么稳当?"

不管你的确比对方强也好,还是因为你对对方的成就羡慕得眼红也罢,当你瞧不起别人的时候,哪怕对方付出千百倍的努力而取得的一个成就,你也会满腹牢骚。

你会怀疑别人成就的真实性,顺便还要慨叹一下自己时运不济。到最后,别人的努力和最终的成果在你眼中变得毫无价值。而你唯一重视的,便是那个"没有遇到好机遇的自己"。这样自怨自艾的你在旁观者看来,有些落寞,也有些可笑。

不要轻视你身边的任何人,哪怕那个人现在渺小得像广阔沙漠里的一颗小沙粒。尊重别人,也就是尊重自己。理解别人的成绩,你的生命便会因为少了那么多抱怨之气而轻松起来。

第二节 失败者才会抱怨

抱怨不能改变人生

吃了好多闭门羹之后,沮丧的独臂乞丐终于在一个炎热的午后,敲开了这座装饰精美的别墅的大门。来开门的是一个老太太,体态丰满,神态安详,独臂乞丐一看,便赶紧蹙起眉头可怜巴巴地向着老妇人开始了他那套说辞:"您是个好心人,求求您给我点儿钱吧,天气这么热,我讨了一上午都没要来一分钱。"

看着脏兮兮的来人，老妇人并没有赶紧给他些钱然后厌恶地将其赶开，她只是不动声色地上下仔细打量起了乞丐："小伙子，我看你年轻力壮的，你干吗不凭着自己的力量去养活自己，却要在这儿低三下四地以乞讨为生呢？"

　　"用我自己的力量……怎么可能？我只有一只手臂呀……"乞丐边说边向老妇人晃动着那个空荡荡的袖管，"唉，都怪我命不好呀，你以为我喜欢现在的生活？我活得恶心死了，连只狗都不如，可我只有一只胳膊，我能干什么？除了这样将就活着，我还能怎么样？"乞丐对自己目前的状况显然很不满。

　　听了乞丐的牢骚，老妇人一言不发，只是打开院门，作出一个让乞丐进去的手势。乞丐疑惑地跟着老妇人进入院子里。这所房子显然建好没多久，外面虽然装修得很华丽，可院子里却乱糟糟的。

　　走到屋门口的一堆砖头旁边，老妇人停住了，扭过头来对独臂乞丐说："你要是能帮我把这堆砖头搬到花池旁边，我就给你钱！"

　　"什么？"听了老妇人的要求，乞丐不由得惊呼一声。他在心里抱怨道："现在的有钱人可真是抠门儿，跟我这样一个残疾人都这么较真儿！"

　　老妇人似乎看穿了乞丐的心思，但她并没有说什么，只是走到砖堆旁边，用一只手捡起一块砖头丢在花池旁边："你看，一只手也可以的！"

　　乞丐无奈，只好学着老妇人的样子用一只手搬运起来，可心里却叫苦连天。两个小时以后，乞丐终于把砖头移了过去。在他气喘吁吁地坐在地上再也不能动弹时，老妇人却端着一杯水笑盈盈地从房间里走了出来："来，小伙子，喝点儿水吧，这是你的酬劳，你拿好。"说完后，老妇人便把两百块钱塞到了乞丐手里。

　　"酬劳？"乞丐很是不解。

　　"对，你帮我干活了，这是给你的酬劳！不要再因为你身体的缺陷而抱怨了，看到了吧，你也可以养活自己的！"老妇人以一种毋庸置疑的口吻说。

　　独臂乞丐拿着钱，心灵却被深深地震撼了。他站起身来，向着老妇人鞠了一躬，然后便昂着头走出了大门。

　　多年之后，独臂乞丐因为他味美价廉的馄饨店而远近闻名。说起往事，他总要发出这样的感慨："是那位大妈的两百块钱让我找到了人生的目标，从那以后，我只想要靠我自己的能力养活自己！"

美国散文作家爱默生有句名言：靠自己成功。成功并不是天上掉下来的馅饼，砸到谁就是谁的。成功，是需要我们去努力、去搏击，然后用汗水和泪水促使其实现的。

在你因为理想难以实现而大发牢骚时，你要先静下心来想一想，自己是不是真的有什么远大而又切合实际的理想；即便你有了这样的理想，你也要认真思考一下，自己是不是为了理想的实现付出过什么。

抱怨起不到任何作用

生活中许多失业者，都有一个共同的特点，那就是充满了抱怨。失业的痛苦困扰他们的身心，使他们觉得自己仿佛被命运挤到墙角，其实是他们自己走到了命运的墙角，因此只有通过抱怨来平衡自己。然而，这种抱怨的行为恰好说明他们所遭遇的处境是咎由自取。

季某是北京一所名牌大学的毕业生，能说会道，各方面的表现都不同凡响。他在一家私营企业工作两年了，虽然业绩很好，也为公司立下了汗马功劳，可就是得不到老板的提升。

季某心里有些不平衡，常常感叹老板没有眼力。一日，和同事喝酒时季某发起了感慨："想我自到公司以来，努力认真，试图在事业上有所成就。我为公司建立了那么多的客户，业绩也很不错。虽然兢兢业业，成就人所共知，但是却没人重视、无人欣赏。"

世上没有不透风的墙，本来老板准备提升季某为业务部经理，得知季某之言，心里不是滋味，后来放弃了提升他。季某之所以得不到老板的提升，就在于他不了解老板的心理，而只是一味地从自己的利益出发抱怨老板没有识人之"能"。

抱怨是无济于事的，只有通过努力才能改善处境。人往往就是在克服困难的过程中，形成了高尚的品格。相反，那些常常抱怨的人，终其一生，也无法形成高尚的品格，自然也就无法取得任何成就。我们不妨假想一下，你喜欢与那些抱怨不已的人为伍，还是与那些乐于助人、充满善意、值得信赖的人一起共事呢？哪一种同事更受欢迎呢？

有时候，在工作中，碰到一些并非我们职责范围内的工作。只要我们站在公司的立场上，为公司着想，而不是置身事外，采取观望态度，那么，我们所做出的努力将会得到回报。

在现实中，我们难免要遭遇挫折与不公正待遇。每当这时，有些人往往会产生不满，而不满通常会引起牢骚，希望以此引起更多人的同情，吸引别人的注意力。

从心理角度上讲，这是一种正常的心理自卫行为。但这种自卫行为同时也是许多老板心中的痛。牢骚、抱怨会削弱员工的责任心，降低员工的工作积极性，这几乎是所有老板一致的看法。

许多公司管理者对这种抱怨都十分困扰。一位老板说："许多职员总是在想着自己'要什么'，抱怨公司没有给自己想要的，却没有认真反思自己所做的努力和付出够不够。"

对于管理者来说，牢骚和抱怨最致命的危害是滋生是非，影响公司的凝聚力，造成机构内部彼此猜疑，团队士气涣散，因此他们时刻都对公司中的"抱怨者"有着十二分的警惕。

抱怨的人很少会积极想办法去解决问题，不认为主动独立完成工作是自己的责任，却将诉苦和抱怨视为理所当然。其实这样的抱怨毫无意义，至多不过是暂时的发泄，结果什么也得不到，甚至会失去更多的东西。

一个将自己的头脑装满了过去时态的人，是无法容纳未来的。聪明的做法是停止计较过去，不要对自己所遭遇的不公正待遇耿耿于怀。现在一些刚刚从学校毕业的年轻人，由于缺乏工作经验，无法被委以重任，工作自然也不是他们所想象的那样体面。

然而，当老板要求他去做应该负责的工作时，他就开始抱怨起来："我被雇来不是要做这种活的""为什么让我做而不是别人"于是对工作丧失起码的责任心，不愿意投入全部力量，敷衍塞责、得过且过，将工作做得粗陋不堪。

长此以往，嘲弄、吹毛求疵、抱怨和批评的恶习，将他们卓越的才华和创造性的智慧悉数吞噬，使之根本无法独立工作，成为没有任何价值的员工。

一个人一旦被抱怨束缚，不尽心尽力，应付工作，那么在任何单位里都将自毁前程。抱怨是失败的一个借口，是逃避责任的理由。这样的人没有胸怀，很难担当大任。

抱怨和嘲弄是慵懒、懦弱无能的最好诠释，它像幽灵一样到处游荡扰人不安。如果你想有所作为，如果你想让自己变得优秀，不妨在遇到不公或是心情郁闷想要发泄时多问一下自己"我抱怨什么？有什么可值得我去抱怨的"，然后平静地将答案告诉自己。

一些人遇到困难的时候，总觉得如陷深渊而不能自拔，只有通过抱怨来平衡心态。然而，抱怨是没有任何意义的，只有艰苦努力才能够改善环境。高贵品格的形成，往往就是在人们克服困难的过程中。而那些总是在抱怨的人，终其一生恐怕也无法培养出真正的勇气和坚毅的性格，因此也就无法获得成功。

没有人愿意与抱怨不已的人为伍，大多数人更倾向于与那些乐于助人、亲切友善并值得信赖的人在一起。在工作中也是如此，很少有人因为脾气坏以及抱怨等消极情绪而获得提拔和奖励。

现实生活中，确实有些人承受了巨大压力，或者是来自各方面很不公平的对待，但这都不能成为抱怨的理由。从另外一个角度看，如果我们用一种宽广豁达的心态来对待它，把它当成是对成功者的一种考验，我们将收获到更多。

抱怨是没有意义的，最多只是一时的发泄，什么也得不到，甚至还会失去更多东西。宽容是一种成熟的标志，作为一个成熟的人，聪明的做法是停止去计较过去的事，不要再对自己遭遇的不公正待遇而耿耿于怀。

抱怨让你一无所有

在我们的一生之中，大部分的时间与精力都投入到了工作上。每份工作都有它的价值，我们在这个世界上找到什么样的工作，我们便会过着什么样的生活。

工作是我们赖以生存的基础，是陪伴我们安然行走在人生大道上的重要保障。因此，对我们来说，一切合法的工作都值得我们去尊重，一切值得我们尊重的工作都有它不容轻视的价值。

通泰电子集团首席执行官的约翰·克林斯顿在向外界介绍他的成功秘诀时说："我并不认为自己有多么优秀，我只是经常对自己的员工强调，在公司中无论你是什么身份，干着什么样的工作，不管是CEO，还是普通员工，都必须记住一点，否定自己的劳动是个巨大的错误，只有看重自己所从事的工作才会有发展。"

现在，有很多人认为自己所从事的工作只能勉强生活，在人生事业上无足轻重。正是这样的态度严重地限制了他们的人生价值，阻碍了他们事业的发展。他们置身于自己所从事的工作之中，虽然也将工作当成一种必须，但却认识不到工作的真正价值，日复一日、年复一年的辛苦劳作不过是为了生计。

他们轻视自己的工作，对工作敷衍了事，总把心思放在怎样才能干一件大事来摆脱自己的现状上。这样的人怎么可能有大的发展！

著名的管理咨询专家蒙迪·斯泰尔在为《洛杉矶时报》所撰写的专栏中曾经说道："每个人都被赋予了工作权利，一个人对待工作的态度决定了这个人对待生命的态度，工作是人的天职，是人类共同拥有和崇尚的一种精神。当我们把工作当成一项使命时，就能从中学到更多的知识，积累更多的经验，就能从全身心投入工作的过程中找到快乐、发现机会，进而取得成功。当然，拥有这种工作态度或许不会有立竿见影的效果，但可以肯定的是，当'轻视工作'成为一种习惯时，其结果可想而知。工作上的日渐平庸，虽然表面上看起来只是损失了一些金钱和时间，但是对你的人生将留下无法挽回的遗憾。"

奎尔是一家汽车修理厂的修理工，从进厂第一天起，他就开始喋喋不休地抱怨：修理这活太脏了，没本事的人才干这样的活。一天到晚累个半死，浑身上下没一处干净地方，真是丢死人了。

如此，奎尔每天都在这种抱怨和不满的心情中度过。他认为自己的工作是一份很低等的工作，只是日复一日地在为一点可怜的工资出卖苦力。因此，他便慢慢地开始消极怠工。当同他一起进厂的同事将眼光盯着师傅手上的"活"时,他却窥视着师傅的眼神和举动,稍有空隙便偷懒耍滑,应付手中的工作。

几年过去了,当时同他一起进厂的三个工友,各自凭着自己的手艺和工作的劲头,或升职做了他的上司,或另谋高就有了自己的事业,或被公司送进大学进修。只有他,仍旧在抱怨声中,做着他自己蔑视的修理工。

奎尔的行为所造成的结果难道是一种偶然吗?相反,这是一种必然。作为员工,你幼稚地认为你对工作的轻视目光,会瞒得过老板的视线。老板们或许并不了解每个员工的具体表现,熟知每一项工作的细节。但他能作为你的老板,一定有他超出一般的能力和见识,或者因为经验,或者因为曾经在某方面卓有成效的努力。你轻视他给你的工作,他自然也会根据你对工作的态度,来设定你在公司的未来。这一点,天经地义。

在我们身边,奎尔这样的人并不少见。他们不尊重自己的工作,不将工作看成是创造人生事业的必由之路和发展人格的助力,而把它视作衣食住行的供给工具,认为工作是生活的代价,是无可奈何、不可避免的劳碌。

这样的错误观念,将他们的人生和事业都定格在一种永远被动的生活方式里。使他们不愿意奋力崛起,努力改善自己的生存环境。对他们来说,只有体面的工作才是真正的工作,只有从事有高薪的工作才能使自己致富。

岂不知任何伟大的工程都始于一砖一瓦的堆积,任何耀眼的成功也都是从一点一滴中开始的。这一砖一瓦、一点一滴的累积,都需要人们在工作中以尽职尽责的精神去完成。

好岗位、好工作人人趋之若鹜,普通琐碎的工作人人唯恐避之不及。但好工作和好岗位是从哪里来的呢?什么样的工作才算是普通琐碎的工作呢?

亨利和阿尔伯特是同班同学,两个人大学毕业后,恰逢英国经济动荡,都找不到适合自己的工作,便降低了要求,到一家工厂去应聘。恰好,这家工厂缺少两个打扫卫生的职员,问他们愿不愿意干。亨利略一思索,便下定决心干这份工作,因为他不愿意依靠领取社会救济金生活。

尽管阿尔伯特根本看不起这份工作,但他愿意留下来陪亨利一块儿干一阵子。因此，他上班懒懒散散，每天打扫卫生时敷衍了事。一次，两次，三次，老板认为他刚从学校毕业，缺乏锻炼，再加上恰逢经济动荡，也同情这两个大学生的遭遇，便原谅了他。

然而，阿尔伯特内心深处对这份工作抱着很强的抵触情绪，每天都在应付自己的工作。结果，刚干满了三个月，他便彻底断绝了继续干这份工作的念头，辞了职，又回到社会上，重新开始找工作。当时，社会上到处都在裁员，哪里又有适合他的工作呢？他不得不依靠社会救济金生活。

相反，亨利在工作中，抛弃了自己作为大学生、高等学历拥有者的身份，完全把自己当做一名打扫卫生的清洁工。每天把办公走廊、车间、场地，都打扫得干干净净。

半年后，老板便安排他给一些高级技工当学徒。因为工作积极，认真勤快，一年后，他成了一名技工。尽管如此，他依然抱着一种积极的态度，在工作中不断进取，认真负责。

两年后，经济动荡的局面稍稍稳定后，他便成了老板的助理。而阿尔伯特，此时，才刚刚找到一份工作，是一家工厂的学徒。但是，他认为自己是高等学历拥有者，应该属于白领阶层。结果，在自己的工作岗位上，仍然把活干得一塌糊涂，终于在某一天又回到街头，继续寻找工作。

今天工作不努力，明天努力找工作。一个不轻视自己工作的人，工作中任何一件琐碎和不起眼的小事，都会成为他成长和锻炼自己的机会。一个尊重自己所从事工作的人，根本无须为他的未来担心。

平凡的是工作岗位，平庸的是工作态度。无论你从事的工作多么琐碎，都不要看不起它。要知道，所有正当合法的工作都是值得尊敬的。只要你诚实地劳动，没有人能够贬低你的价值，你在工作中所能收获到的一切，完全取决于你对工作的态度。

一个人认为自己是怎样的，他便会朝着他认为的那个方向发展。一些人认为自己的工作很卑微，没有前景，之所以每天要去工作只是为了糊口。如果我们对工作缺乏热情，甚至消极怠工，工作自然不会使我们成功。

同样，如果我们认为自己能力有限，不能承担重任，因此在工作上只是不马虎行事，而从不去积极进取。这些想法就注定我们只能成为公司的二流员工，平平庸庸地过一辈子。

反过来，如果你认为自己很重要，自己的工作亦非常重要，便能在工作中不断总结经验，接收到一种积极的心理信息，从而帮助和促使我们把工作中的每一件事都做得更好。一件做得更好的工作意味着更多的升迁机会、更多的薪金、更多的权益，以及更多的发展空间。因此，一个人尊重自己的工作其实就是尊重自己。

抱怨让你失去机会

生活中，我们经常可以看见这样一些人，他们整日在不同公司之间穿梭，看起来很忙，但却不是在为工作而忙，而是在忙着到处寻找工作。他们曾经在许多公司任职，从事过不同的职业，能力不能说没有，但却被自己满腹的抱怨掩盖。

其实，他们所抱怨的东西并不是导致失业的最主要原因。恰恰相反，这种抱怨的行为正好说明，他们现在的处境——四处寻找工作，完全由自己一手造成。

他们说："每天累死累活，只能拿到这么点钱，这算是什么工作。"

他们说："老板太抠门，干得再好有什么用？"

他们说："公司领导一个比一个差劲，这根本就是一个烂摊子，在这干得再久也翻不了身……"

他们就这样，抱怨公司的老板抠门；抱怨工作时间过长；抱怨公司管理制度严苛；甚至抱怨自己当初怎么会进这家公司……他们的这些抱怨，有时在管理者和被管理者固有的矛盾之间会得到一些实据，因而也许会受到一些善良之人的宽慰，使自己的内心压力暂时得到一定的缓解，并不能给公司造成损失而影响自己的发展。

但是，持续的抱怨势必会使人的思想摇摆不定，进而不能专注地工作，甚至敷衍了事。久而久之，问题自然就出现了，到那时即使你不炒老板的鱿鱼，老板也已将你排在了最应辞去的人之列。何况，如果你因此养成抱怨的习惯，想找到下一份工作，或者想在下一份工作中有所作为，将会是一件很难的事。这一点，凡是频繁换过工作的人都应该有深刻的体会。

《致加西亚的信》的作者阿尔伯特·哈伯德曾向一位聘用过数以百计员工的管理者请教，他是如何考察不同的应聘者的。这位管理者说："我招聘员工时，十分看重应征者如何评价自己刚刚离开的那家公司和以前从事的主要工作。如果前来应征的人只是说过去雇主的坏话，甚至恶意中伤，这种人我是无论如何也不会加以考虑的。"

抱怨使人思想肤浅，心胸狭窄，一个将自己头脑装满了抱怨的人无法容纳未来，也不会被未来容纳。

看看我们周围那些只知抱怨而不努力工作却在努力找工作的人吧，他们从不懂得珍惜自己目前的工作机会，总是抱着近乎愚蠢的奢望，以为下一个工作会更好。

他们不懂得，丰厚的物质报酬是建立在努力工作的基础上的。更不懂得，即使薪水微薄，也可以充分利用工作的机会提高自己的技能。他们在日复一日的抱怨中，失去一次又一次工作机会，任自己的大好年华白白流逝，使自己未得到良好增长的技能在飞速发展的现代社会变得一钱不值。

他们始终没有清醒地认识到一个严酷的现实：在竞争日趋激烈的今天，工作机会来之不易。不珍惜工作机会，不在自己现有的工作中努力，不管学历有多高，能力有多强，最终都会被庞大的失业队伍淹没。

小王大学毕业后便找到了一份不错的工作，同学、朋友都祝贺他，他开玩笑道："瞧瞧你们那点追求，这工作就算好了，这只是开头，好的还在后面呢。"

小王工作后，在公司附近租了一套房子，这时他的女友也找到了一份不错的工作，于是俩人决定合租。两个人两份工资，交完房租外，剩下的足够贴补生活之需，日子过得相当惬意。

可是好景不长，没过几个月小王就突然烦躁起来，从公司一回家就对女友诉说对公司的不满，抱怨公司领导层的无能，没几天就辞职另找了一份自己认为不错的工作，并将家也搬了过去。

如此几年后，他因不停更换工作，将家从南城搬东城，再从东城搬到北城，有时一年中光搬家就有好几次。她的女友开始还以为他真的没碰上好工作，还经常安慰他，让他不要着急。

后来越发觉得不对，也慢慢对他各种各样的抱怨产生了反感，终于在他又一次准备辞掉工作时，向他发出了最后通牒。

她说："咱们俩在一起这么几年，光工作你就换了七八个，每个你都说不行，难道这些公司真都像你说的那样不行吗？我看你干事就是虎头蛇尾，而且不愿意吃苦，别人住在东城都可以去北城上班，你为什么不行？"接着说："如果你这次再不坚持下去，我看我们也只能做普通朋友了。"

听了女友的话，小王不知如何是好，没几天就一个人搬了出去。原来，这次不是他不想坚持干下去，而是他没好好干公司要辞他，他不好意思给女友说实话，才说是自己想要辞职的。这样的事在他身上并不是第一次发生，却是第一次的无可挽回。

几个月后，小王在一家超级市场门口偶然碰到他的女友，女友问他最近怎样，他很尴尬地笑了笑说："现在要找一份好工作真是不容易，到处都是找工作的人，竞争很激烈。不过我刚找到一家还算合适的，虽工作性质和以前不同，工资也没有以前的高，但和我找的别的几家比起来已经很不错了。"

女友看到他这种情况显然不知道说什么。他急忙说："我得走了，这家公司约我两点半面试，我不能迟到。"

故事中小王的情况具有一定的普遍性。生活中像他这样因不努力工作而去努力找工作的人比比皆是，他们在一次一次的失业中降低了自己，使自己得到了应得的藐视。

人们说，赌博就像用两只碗来回倒一碗水，倒来倒去，只有一个结果：碗里的水越来越少。其实，因为自己不努力而频繁更换工作也一样，是用无数个碗来倒一碗水，最后能剩下什么可想而知。

现在社会上找工作的人越来越多，光北京一年大的招聘会就有几十场，每一场都是人满为患。据此，很多人认为，大多数人的失业是因为用人单位减少了对劳动力的需求，才使得很多很有能力的人无工可做。

事实真的是这样吗？当然不是，现在许多公司、机构里，有很多空缺职位没有合适的人填补。在报纸上，到处都有"诚聘职员"的广告，许多老板也正急切地想找到能为自己所用的人才。再者，一年几十场的大型招聘会本身也说明这种说法根本不能成立。

如果非要对此作出解释，那答案或许只有一个，所有的公司需要的都是那些受过良好的职业训练、具有非凡才干的人才和那些能够努力工作、积极进取的员工，而不是投机取巧、马虎轻率、嘲弄抱怨、朝秦暮楚的平庸劳动力。

迈斯曾经做过许多种工作，却一次次地沦落为一位可怜的失业者。他总是唉声叹气地对身边的人说："工作压力太大，生活负担太重。"他渴望能够获得一个有充分闲暇时间的工作，有时候他甚至将无所事事看成一种人生乐趣。

如此他换了很多种工作，但没一个能达到他要求的标准。于是他到中年时，仍觉得自己的生活苦不堪言，想改变却又无从着手，只好逢人便说："我怎么这么倒霉，这么多年连个像样的工作都找不到。"

一个人不停地抱怨只会浪费时间和精力，也就是恰在此时，机会已经从他们的身边溜走了。人都有好逸恶劳的习性，如果不是被环境所迫，多半都只会安于现状，不求上进。而当不幸真的降临时，他们却只会问："为什么倒霉的事总发生在我身上？"偏偏从不在自己身上找原因。

好工作不是找出来的，是干出来的。其实，我们每一个人一直都拥有成为优秀员工的潜能，一直都拥有被委以重任的时机，一直都面对升迁和加薪的大门。

但是，为什么一定要等到无路可走的时候，在遭遇人生的"晴天霹雳"之后，才试着改变自己的心态和做事方式呢？不要在平安舒服的日子里让光阴一点点溜走，不要在那里坐等"晴天霹雳"突然将你击倒。努力工作的人懂得，要把命运牢牢地掌握在自己手中,不给"晴天霹雳"击倒自己的机会。

有位哲人说过,只有拒绝成长的人,才会觉得成长痛苦不堪。上天通常都是先用温和的报警来提醒我们,但当我们对他的报警置之不理时,他老人家就会重重地敲下一锤来。

从平凡的工作中脱颖而出,一方面由个人的才能决定,另一方面则取决于个人的进取心态。这个世界为那些努力工作的人大开绿灯,直到他生命的终结。

抱怨破坏你的人际关系

我们在抱怨时,可能尝到获得注意力或同情的甜头,也可以回避去做让自己紧张的事;然而抱怨的行为也是双刃剑,将带来负面的影响。

"烦死了,烦死了!"一大早就听见王宁不停地抱怨,一位同事皱皱眉头,不高兴地嘀咕着:"本来心情好好的,被你一吵也烦了。"

王宁现在是公司的行政助理,事务繁杂,是有些烦。可谁叫她是公司的管家呢,事无巨细,不找她找谁?

其实,王宁性格开朗,工作认真负责。虽说牢骚满腹,但该做的事情,一点也不曾拖延。设备维护、购买办公用品、交电话费、买机票、订客房……王宁整天忙得晕头转向,恨不得多长出几只手来。再加上她为人热情,中午懒得下楼吃饭的人还请她帮忙叫外卖。

刚交完电话费,财务部的小李来领胶水,王宁不高兴地说:"昨天不是来过了吗?怎么就你事情多,今儿这个,明儿那个的。"抽屉开得噼里啪啦,翻出一个胶棒,往桌子上一扔,说:"以后东西一起领!"小李有些尴尬,又不好说什么,忙赔着笑脸说:"你看你,每次找人家报销都叫亲爱的,一有点事求你,脸马上就长了。"

大家正笑着呢,销售部的王娜风风火火地冲进来,原来复印机卡纸了。王宁脸上立刻晴转多云,不耐烦地挥挥手:"知道了。烦死了!和你说一百遍了,先填保修单。"单子一甩,"填一下,我去看看。"王宁边往外走边嘟嚷:"综合部的人都死光了,什么事情都找我!"对桌的小张气坏了:"这叫什么话啊,我招你惹你了?"

态度虽然不好,可整个公司的正常运转还真离不开王宁。虽然有时候被她抢白得下不来台,但也没有人说什么。怎么说呢?她不是应该做的都尽心尽力做好了吗?

可是,那些"讨厌""烦死了""不是说过了吗"……实在让人听了不舒服。特别是同办公室的人,王宁一叫,他们头都大了。"拜托,你不知道什么叫情绪污染吗?"这是大家的一致反应。

年末的时候公司民主选举先进工作者,大家虽然觉得这种活动老套可笑,暗地里却都希望自己能榜上有名。奖金倒是小事,谁不希望自己的工作得到肯定呢?

领导们认为先进非王宁莫属,可一看投票结果,50多份选票,王宁只得了12张。

有人私下说:"王宁是不错,就是嘴巴太厉害了。"

王宁很委屈:"我累死累活的,却没有人体谅。"

有时,抱怨的确可以让人的情绪得到舒解,有益健康。但如果抱怨太多,就会使人厌烦。抱怨绝对不是好事,它不会为你带来多少正面的效益。

很多人不喜欢每天只知道抱怨的人。因为经常抱怨的人,生活的态度非常的消极,对任何事都处于不满意的状态。其实完全没有那种必要,无论怎么样的生活,都是自己必须要过下去的,何必不停地去抱怨生活呢?

长期抱怨的人,最后可能会被周围的人们放逐,因为每个人都发现自己的能量被这个抱怨者榨干了。他们喜欢抱怨的天性,把我们原有的怜悯变成了厌烦。相反的,有些面临严苛处境的人,却能保持乐观,不让自己感觉像是受害者。

我们更不喜欢看到一些人为了向其他人炫耀自己的某一方面,然后故意去抱怨一些事情,好像自己很了不起一样。说穿了,无论你怎么抱怨,这都是生活。生活意味着自己必须要过下去,何必为了自己不能得到想要的生活而抱怨地活着呢?坦然面对生活中发生的一切,才是人生。

抱怨别人是惩罚自己

古人云："人之有德于我也,不可忘也;人之有愧于我也,不可不忘也。"这句话的意思是说:别人对我们的帮助,千万不可忘了;反之,别人倘若有愧对我们的地方,应该乐于忘记。

不抱怨,是一种平和的心态和远观的智慧。有一句名言:"抱怨是用别人的过错来惩罚自己。"老是抱怨别人的"坏处",实际上最受其害的就是自己的心灵,搞得自己痛苦不堪,何必?这种人,轻则自我折磨,重则可能导致疯狂的报复。

在中国历史上,李世民在一定意义上就是依靠不抱怨的宽容之心得到众臣鼎力相助的,从而拉开了盛唐的序幕。

唐朝的李靖,曾任隋炀帝的郡丞,其最早发现李渊有图谋天下之意,并亲自向隋炀帝检举揭发。后来,李渊灭隋后要手刃李靖,而李渊之子李世民反对报复,再三强求保他一命。后来,李靖驰骋疆场,征战不疲,安邦定国,为唐朝立下赫赫战功。

在唐朝王室争权中,魏征曾鼓励太子李建成杀掉李世民,李世民发动玄武门政变夺取帝位后,同样是不抱怨旧恶,量才重用,使魏征觉得"喜逢知己之主,竭其力用",为唐朝盛世的开创立下了汗马功劳。

再说秦王嬴政,若不是听取了李斯"海河不择细流,故能成其深"的喻谏,收回逐客令,实行不计前怨、广纳贤才的政策,恐怕就会失去李斯等一大批客臣的支持,难以顺利完成统一天下的大业。

纵观历史与今天,如果做人没有变通思维,只抱怨旧恶,从而以恶报恶,开创一方事业只能是一句空话。

宋代的王安石对苏东坡的态度,应当说也是有那么一点"恶"行的。王安石为相时,因为苏东坡与他政见不同,便借故将苏东坡降职减薪,贬官到了黄州,弄得苏东坡好不凄惨。然而,苏东坡胸怀大度,他根本不把这事放在心上,更没有抱怨王安石对自己的恶。

王安石从宰相位子下台后，两人关系反倒好了起来。苏东坡不断写信给隐居金陵的王安石，或共叙友情，互相勉励，或讨论学问，十分投机。

　　相传唐朝宰相陆贽，有职有权时，曾偏听偏信，认为太常博士李吉甫结伙营私，便把他贬到明州做长史。不久，陆贽被罢相，贬到明州附近的忠州当别驾。

　　后任的宰相明知李、陆有点私怨，便玩弄权术，特意提拔李吉甫为忠州刺史，让他去当陆贽的顶头上司，意在借刀杀人。不想李吉甫不抱怨旧怨，上任伊始，便特意与陆贽饮酒结欢，使那位现任宰相借刀杀人之阴谋成了泡影。

　　对此，陆贽深受感动，便积极出点子，协助李吉甫把忠州治理得一天比一天好。李吉甫不图报复，宽待了别人，也帮助了自己。

　　有的人就是心胸狭隘，凡事斤斤计较，计较前嫌，对别人的过失总是耿耿于怀，时时想着揪别人的小辫。这样的人，典型的"小肚鸡肠"，心胸狭隘，待人刻薄，根本没有一点宽容之心，还谈什么成大器、立大业呢？

　　文中子《止学》云："君子不念旧恶，旧恶害德也。小人存隙必报，必报自毁也。和而弗争，谋之首也。"意思是说：君子不抱怨以往的恩怨，抱怨以往的恩怨会损害君子的品行。小人心有隙怨一定要报复，这样只能让自己毁灭。讲和而不争斗，这是谋略首先要考虑的。

　　古来成大事者都是能够从长计议，向前看而不追忆他人过去的不是。古人古事，脍炙人口。以古为镜，可以净心灵，辨是非，明前途。不抱怨旧恶是灵活做人的一个特征。人与人相处，最难得的是将心比心。谁没有过错呢？当我们有对不起别人的地方时，是多么渴望得到对方的谅解啊！只有既往不咎的人，才可以甩掉沉重的包袱，而大踏步地前进。

　　在许多情况下，人们误以为"恶"的，又未必就真的是什么"恶"。退一步说，即使是"恶"，对方心存歉疚，诚惶诚恐，你不念旧恶，以礼相待，说不定他也能改"恶"从善。所以，人要有点"不抱怨旧恶"的精神，才能与人和谐相处。

第三节　摒弃抱怨走向成功

忍受不可避免的现实

正视自己遇到的难题，并以坦然之心去接受和改变它，这样便能使问题得到根本的解决。比尔·盖茨说过："要学会接受不可避免的现实，学着去应付缺陷带来的问题，并且不为此而抱怨。"

我们只能接受已经存在的事实并进行自我调整，怨天尤人不但能毁了自己的生活，而且会使自己精神崩溃。

我们要意识到，抱怨比缺陷本身对我们更有害。如果我们能把用来抱怨的一半时间和精力，用来解决由此带来的问题，那么我们就不会再有抱怨。我们会发现，原来以前的生活中，我们只学会了为问题而抱怨，而没有真正学会如何面对和解决问题。

有一次，著名小提琴家欧利·布尔在巴黎举行音乐会。在饱含深情的演奏过程中，小提琴上的A弦断了。一般来说，演奏者在这种情况下会停下来，换一把小提琴再演奏。如果不巧找不到另外一把适用的小提琴的话，这支曲子也就只好到此为止了。

但是欧利·布尔在这种情况下表现出了与众不同的天才：他用剩下的三根弦演奏完了那支曲子。

我们不去讨论欧利·布尔的精湛技艺，只看看他遇到问题时的镇定、从容。他教我们如何直面生命中的不足与缺憾：小提琴的A弦断了，就在其他三根弦上把曲子演奏完。任何人都有自己的缺点和弱点，但是区别在于，能不能实事求是地对待自己的不足，利用剩下的三根琴弦，拿出勇气去突破自己。

荷兰阿姆斯特丹有一座15世纪的教堂遗迹，里面有这样一句让人过目不忘的题词："事必如此，别无选择。"这和欧利·布尔的断弦之作有着异曲同工之妙。对待环境和外界的不利因素，我们要学会接受和改变，而不是每天面对着这些困扰抱怨和发愁。

从前，有一老一小两个相依为命的盲人，每天靠弹琴卖艺维持生活。一天，年老的盲人终于支撑不住，病倒了。他自知不久将离开人世，便把年幼的盲人叫到床前，紧紧拉着他的手，吃力地说了一番话。

年老的盲人说："孩子，我这里有个秘方，这个秘方可以使你重见光明，我把它藏在琴里面了。但你千万记住，你必须在认真地弹断第一千根琴弦的时候才能把它取出来，否则，你是不会看见光明的。记住，一定要认真地弹。"年幼的盲人流着眼泪答应了师傅，老盲人含笑离去。

时光荏苒，岁月如梭。小盲人用心记着师傅的遗嘱，不断地弹啊弹，将一根根弹断的琴弦收藏着，铭记在心。

当小盲人弹断第一千根琴弦的时候，当年那个弱不禁风的少年已经到了垂暮之年，变成一位饱经沧桑的老者。他按捺不住内心的喜悦，双手颤抖着，慢慢地打开琴盒，取出秘方。可是，别人告诉他，那是一张白纸，上面什么都没有。

泪水滴落在纸上，他却笑了。刹那间，他看见了，他看到了师傅的良苦用心，看到了他一生辛勤中的幸福。一千根琴弦的磨炼，日日夜夜的期盼，这些都是这无字秘方的真谛。

在这秘方的指引下，他坦然接受了命运的不公，在漫漫无边的黑暗探索与苦难煎熬中，他没有退缩，没有抱怨，他有的是现在的幸福和永远的希望。因为有了遥远的希望，他能沉下心来，看看近在眼前的幸福。这一千根琴弦，每一根都饱含着他的深情。

成功学大师卡耐基也说："有一次我拒不接受我遇到的一种不可改变的情况。我像个蠢蛋，不断作无谓的反抗，结果带来无眠的夜晚，我把自己整得很惨。终于，经过一年的自我折磨，我不得不接受我无法改变的事实。"

在美国东部有一所学校有着严重的困扰，因为它紧邻一个治安极差的贫民区，学校的玻璃经常被顽童打破，学生的车子总是失窃。

"我们这么伟大的学校，怎能有那么糟糕的邻居。"愤怒的董事们开会商讨此事，当举手表决时，竟然一致通过："把那些不文明的邻居赶走！"董事们的方法很简单，以学校雄厚的财力把贫民区的土地和房屋全部买下，改为校园。

校园变大了，但是问题不但没有解决，反而变得更严重。因为那些贫民虽然搬走了，却只是向外移。隔着青青的草地，学校又与新贫民区相接，加上校园扩大难于管理，治安就更乱了。

董事会一筹莫展，头疼不已，于是他们请来当地的警官共谋对策。"当你们与邻居相处不好时，最好的方法不是把邻人赶走，更不是将自己封闭，而是应该试着去了解、沟通，进而影响、教育他们。"警官说。

警官的话没有嘲讽之意，可是校董们听后，却如芒刺在背。因为他们发现身为学府的董事，竟然忘记了教育的功能。他们相顾半响，哑然失笑。

后来，他们设立了平民补习班，送研究生去贫民区调查探讨，捐赠教育器材给邻近的中小学，并辅导就业。还开辟部分校园为运动场，供青少年们使用。没有几年，这所学校的环境治安已经大大地改观，而那邻近的贫民区，也步入了小康。

我们要学会适应而不要抱怨不利的环境。对不可避免的现实的苦恼和抱怨，解决不了任何实际问题。只有正视自己遇到的难题，并以坦然之心去接受和改变它，才能使问题得到根本的解决。

命运中总是充满了不可捉摸的变数，如果它给我们带来了快乐，当然是很好，我们也很容易接受。但事情却往往并非如此。有时，它带给我们的会是可怕的灾难。这时如果我们不能学会接受它，反而让灾难主宰了我们的心灵，整天抱怨老天的不公，那生活就会永远失去阳光。

看淡生活中的不平事

生活确实有它不公平的一面，绝对的公平是不存在的，世界不是根据公平的原则而创造的。

生活，有时候并不像我们想象的那样美好，它往往存在着许多的不公平。有的人，从生下来就显得那么顺利，干什么都一帆风顺，心想事成，没有什么坎坷，事业、爱情，都让人羡慕；而有的人，从生下来就注定是个倒霉鬼，生活的艰辛，事业的挫折，情感的失意，无不困扰着他，甚至有时连一个小小的打算都难得实现。

亨特遭到女友抛弃后去请教大师，他说女友提出分手一点伤感的情绪都没有，还活得好好的，对此他感到愤恨难平，他抱怨老天不长眼睛。大师非常诧异，问他为什么。

亨特回答："我们在一起时发过重誓的，先背叛感情的人在一年内一定会死于非命，但是到现在两年了，她却还活得很好，老天真是太不长眼睛了，难道听不到人的誓言吗？"

大师笑了，他告诉亨特，如果人间所有的誓言都会实现，那人早就绝种了。因为在谈恋爱的人，除非没有真正的感情，全都是发过重誓的。如果他们都死于非命，这世界还有人存在吗？老天不是无眼，而是知道爱情变化无常，我们的誓言在智者的耳中不过是戏言罢了。

"那我该怎么办呢？"亨特问。

大师没有直接回答他这个问题，而是给他讲了一则寓言：

"从前有一个人，用水养了一条非常名贵的金鱼。一天，鱼缸被打破了。这个人有两个选择：一个是站在水缸前诅咒、抱怨，眼看金鱼失水而死；另一个是赶快拿一个新水缸来救金鱼。如果是你，你怎么选择？"

"当然是赶快拿水缸来救金鱼了。"亨特迅速而理智地说。

"这就对了，你应该快点拿水缸来救你的金鱼，给它一点滋润，救活它，然后把已经打破的水缸丢弃。一个人如果能把诅咒、抱怨都放下，才会懂得真正的爱。"大师语重心长地对亨特说。亨特顿悟，面露微笑，欢喜而去。

生活中，即使我们遇到不公平的事，也不要整天怨天尤人，其实，抱怨也没有用，它丝毫改变不了你的境遇，只会徒然增加自己的烦恼而已。

面对生活中不公平的人和事，学会包容显得尤其重要。只要我们能够平心静气，不被其所牵绊，不因它而抱怨，不公平自然会慢慢转变成公平。

你也许没有好的家境背景，但是你经过漫长的坚韧努力，最后获得了突出的成绩，这是由不公平变成公平；你也许这次没评上职称，但是你忍耐下来，从改进自己的工作入手，最后你成了公司独当一面的人物，这也是由不公平变成公平。

既然如此，你又何必对不公平耿耿于怀呢？人的心理常常受到伤害的原因之一，就是要求每件事都必须公平。其实，世界上根本就没有绝对的公平，所以我们不要事事都拿着一把公平的尺子去衡量。不要抱怨生活中的不平，如果你能够包容，看淡生活中的不平事，那么，这不平事也许会转变成公平之事。

公平的命运靠自己创造

强者的最大优势，就是他们从来没有对命运听之任之。他们从来不会抱怨命运的安排，而是自己站在命运驾驭者的位置上。

鲁迅曾经说过："真的勇士，敢于直面惨淡的人生。"每个人都有各种不足，但是敢于正视一切弱点，并有勇气自己去创造命运，那才是精彩的人生。

强者们通过自身的努力，完成一次次的蜕变，给自己挂上一串串花环。

她叫张玉良，是一名青楼女子，后来有人把她赎了出来。恩人给了张玉良一个介质，她把它当做起跳点，奋力跃起，并最终成为世界级的艺术家，书写了一代传奇。

张玉良17岁的时候，遇到了潘赞化，即刚刚上任的安徽芜湖海关监督。张玉良有一种预感，她觉得这个男人可以救她。于是张玉良就冒着很大的危险去求潘赞化，让他帮忙把她赎出来。不知出于什么原因，潘赞化竟答应了她，并真的把张玉良赎了出来，纳为小妾。

张玉良跟随潘赞化到了上海，他们居住在渔阳里。由于张玉良喜欢绘画，就跟随邻居一位绘画教授洪野先生学习绘画，并考取了刚创立的上海美术专科学校，校长刘海粟将其名字改为"潘玉良"。这对她来说，意味着新生活从此开始。

潘玉良非常热爱艺术,她将艺术视为生命,每一张画卷,都倾注了她全部的心血。1921年,潘玉良留学巴黎。1927年,她习作的油画《裸体》获意大利国际美术展览会金奖。这次获奖奠定了潘玉良在画坛的地位。

结束了9年的国外漂泊的生活,潘玉良回到了上海,她先后举办了4次画展,这些画展震动了中国画坛。由于在家里不被潘赞化的太太接受,1937年,潘玉良借参加法国巴黎举办"万国博览会"和举办自己的画展的机会,再次离开了祖国。

作为外国人眼中有艺术天分的中国人,她的作品曾多次入选法国具有代表性的沙龙展览,并在美国、英国、意大利、比利时、卢森堡等国举办过个人画展,曾荣获法国金像奖、比利时金质奖章和银盾奖、意大利罗马国际艺术金盾奖等20多个奖项。

谁不喜欢将命运掌握在自己手中呢?那么,就从现在开始,锻炼你的把握能力吧。首先,让我们的头脑中充满积极和勇敢,要敢于面对生活的艰难。困难不过是人生的一个组成部分,是攀登高峰时必须经历的有益训练。

其次,将外部条件抛之脑后。优秀和平庸之间没有不可逾越的鸿沟。古希腊智者普罗太戈拉斯说:"人是万物的尺度。"这里借用一下,"我是优秀的尺度"。

再次,敢于行动。命运就握在你的手里,如果你不信,握握自己的拳头,为自己加一次油,从跨越一个小障碍开始,你终会发现命运绝非你想象的一样桀骜不驯、不可一世。

海明威说过:"一个人必须是这世界上最坚固的岛屿,然后才能成为大陆的一部分。"既然我们都喜欢公平,那么,我们就要及早地放弃对命运的抱怨,试着去创造命运,早日成就自己。

以平和的心态直面人生

适时调整自己,扼制抱怨,等待时机,是我们生存必备的修养。人生在世,谁都会有不顺心的时候,也会有突然跌落逆境的时候。人只有在千百次打击、磨炼之后,才会变得更加坚强、成熟。生于忧患,死于安乐。这是古人从大量历史事实中提炼出来的警句,直到今天,它仍以其深刻性启迪着人们。

当你一次又一次地碰壁,一次又一次地失败,一次又一次地受挫时,你可能会自问:"现在应该怎么办?"甚至会抱怨,老天对自己为何如此苛刻?其实,此时的"绝境"并非真正的绝境,调节一下自己,也许你对整件事情的把握会有所改观。

英国劳埃德保险公司曾从拍卖市场买下一艘船,这艘船于1894年下水,在大西洋上曾138次遭遇冰山,13次起火,116次触礁,207次被风暴扭断桅杆,但是它从没有沉没过。

劳埃德保险公司基于它不可思议的经历和在保费方面带来的可观收益,最后决定把它捐给国家。现在这艘船就停泊在英国萨伦港的国家船舶博物馆里。

不过,使这艘船名扬天下的却是一名来此观光的律师。当时,他刚打输了一场官司,委托人也于不久前自杀了。尽管这不是他的第一次失败辩护,也不是他遇到的第一例自杀事件。然而,每当遇到这样的事情,他总有一种负罪感。他不知该怎样安慰这些在生意场上遭受不幸的人。

当这位律师在萨伦船舶博物馆看到这艘船时,他忽然有了一种想法,为什么不让他们来参观参观这艘船呢?于是,他就把这艘船的历史抄下来和这艘船的照片一起挂在他的律师事务所里,每当商界的委托人请他辩护,无论输赢,他都建议他们去看看这艘船。

因为这艘船的经历告诉我们:在大海上航行的船没有不带伤的,没有谁的生命旅程是一帆风顺的。就算屡遭挫折,我们依然要坚强地、百折不挠地挺住。

任何通向成功的道路,都布满了荆棘,并充满了数不清的辛酸与煎熬、艰难与困苦。可以这么说,所有成功者在获得成功之前都是失败专家。

在奋斗的征程上,有的人只走了几步便回头了,成为一个哀怨忧愤的小人物,湮没在茫茫人海中;有的人走得稍远一点,但是也没有坚持下来,因为多次的失败令他焦头烂额，抱怨声起，于是打了退堂鼓；有的人走得更远一些，甚至走到了离成功只差很小一步的地方，而此时必定是他人生中最黑暗的时刻。

只要能够再走出那么一小步，成功就将属于他。所以，我们应如这种人一样，千万别让一时的抱怨阻挡我们跨出那一小步。

大学毕业后，有一个年轻人到一家外资单位上班。他的工作有点像秘书，但大家都叫他"助理"。他从大学里的一个学生领袖到做别人的"助理"，心里很难受。特别是老张、小李等人动不动就唤他去打杂时，心中就有一股无明火。他觉得很没尊严，自己又不是奴才，凭什么被他人指挥着干这个又做那个。

不过，事后冷静一想，他们并没有错，自己的工作就是这些"一地鸡毛"。刚进公司时，王经理也事先对他这么说过，但一涉及具体事情，他的情绪就有点失控。有时咬牙切齿地干完某事，又要笑容可掬地向有关人员汇报说："我做好了！"有几次还与同事争吵起来。从此以后，他的日子更不好过了，孤傲不成，倒是孤独了。

一天，女秘书小吴不在，王经理便点名叫他到他办公室去整理一下办公桌，并为他煮一杯咖啡。年轻人硬着头皮去了，王经理一眼就看出他的不满，便一针见血地指出："你觉得很委屈是不是？你有才华，这点我信，但你必须从起点做起！"

年轻人心里一惊，"他竟懂我心！"他笑了笑，表示感谢。经理叫他先坐下来，聊聊近况。可没有椅子呀！他总不能与经理并排坐在双人沙发上吧？经理到底在开什么玩笑？

这时，王经理笑着意有所指地说："心怀不满的人，永远找不到一把舒适的椅子。"看到经理如此亲切和蔼，年轻人放松了许多，他心里想："原来，王经理不像一个'剥削者'，他更像自己的一个合作伙伴，只不过，他是长辈，我需要尊重他。"

手脚忙乱地弄好一杯咖啡后，年轻人开始整理王经理的桌子，其中有一盆黄沙，细细的，柔柔的，泛着一种阳光般的色泽。他觉得奇怪，心想："这干吗用的？又不种仙人球，这人真怪！"

王经理似乎看出他的心思，伸手抓了一把沙，握拳，黄沙从指缝间滑落，很美！他神秘地一笑："小伙子啊，你以为只有你心情不好，有脾气，其实，我跟你一样，但我已学会控制情绪，不再抱怨……"

原来，那盆沙是用来消气的，是经理的一位研究心理学的朋友送的，一旦他想发火时，可以抓抓沙子，它会舒缓一个人的紧张、激动的情绪。

朋友的这盆礼物，已伴他从青年走向中年，也教他从一个鲁莽的少年打工仔，成长为一名稳重、老练、理性的管理者。王经理说："先学会管理自己的情绪，才会管理好其他的人。"年轻人的心一下子爽朗了许多，他也忍不住抓了一把那黄金般的沙子。

适时调整自己，扼制抱怨，等待时机，是生存必备的修养。中国有一句古话"十年河东，十年河西"，就是说目前虽然处于不幸的环境中，但是终究会有峰回路转的一天。此言提醒人们要学会忍受现在的痛苦，等候时来运转。

在漫长的人生旅途中，失败和挫折在所难免。与其不断地抱怨命运的不公，不如在失败中看到自己的不足，不断地调整方向，改变策略，直到前面露出希望的曙光。把一次次的失败看成重新开始的机会，把失败当做一条寻找通向成功的台阶，把沿途的所见所闻当做特别的风景来欣赏，这该是多么美丽的事情啊！

与其抱怨，不如行动

不要抱怨上天不公，是英雄总有用武之地。你被淘汰，只能证明你的准备不足。《诗经》中有一篇标题为"鸱鸮"的诗："迨天之未阴雨，彻彼桑土，绸缪牖户。今此下民，或敢侮予！"

意思是说：趁着天还没有下雨的时候，赶快用桑根的皮把鸟巢的空隙缠紧。只有把巢坚固了，才不怕人的侵害。后来，大家把这几句诗引申为"未雨绸缪"，意思是说做任何事情都应该事先准备，以免临时手忙脚乱，这就叫心动不如行动。

人生如风云变幻，想要以后不后悔，就要未雨绸缪，行动为先。民谚有云"囤谷防饥"，说的就是这个意思。一切都要尽早开始，做好准备，才能安然享受艳阳的高照，才能在暴风骤雨中有惊无险。

寒号鸟的故事人尽皆知。阳光明媚时，它忙于歌唱，非常自得地欣赏着自己嘹亮的歌喉。看到别人辛勤劳动，它反而嘲笑不已，好心的鸟儿提醒它说："快垒个窝吧！不然冬天来了怎么过呢？"

寒号鸟不以为然："冬天还早呢，着什么急！"然而，冬天眨眼就到了，鸟儿们晚上躲在自己暖和的窝里安乐地休息，而寒号鸟却在寒风里冻得发抖。它也忏悔，但是过了寒夜，迎来朝阳，它就又忘记了垒窝的大事。

就这样，日复一日，它在滴水成冰的冬夜被冻死了。事情已经明显地摆在了眼前，寒号鸟都不愿意去做，那它只有抱怨天气寒冷，等待死亡的惩罚了。

世界上最可悲的一句话就是："曾经有一个非常好的机会，可惜我没有把握住。"遗憾的是，这种事情在很多人身上都发生过。其实，机会对我们所有人都是平等的，它有可能降临在我们每一个人的身上，但前提是在它到来之前，你一定要做好准备，做到未雨绸缪，这样你才不会再被抱怨缠身。

鼹鼠是完全生活在地下的地鼠，它们擅长在地底挖洞，挖的不只一条，而是四通八达、立体网状的坑道。要挖出这样的坑道当然很辛苦，但一旦完成，它们就可以守株待兔地等食物上门。

同样，在地底钻土而行的蚯蚓、甲虫等，常会不知不觉闯进鼹鼠的坑道中，被来回巡逻的鼹鼠捕获。鼹鼠在自制的网状坑道里绕行一周，就可以抓到很多掉进陷阱的猎物。如果俘获的昆虫太多，吃不完的就先将它们咬死，放在储藏室里。有人就曾在鼹鼠的储藏室里发现数以千计的昆虫尸体。

鼹鼠的生活哲理就是先花些时间，做好完善的硬件设施，未雨绸缪，这样才有安逸清闲的日子可过。只有这样，才不会因为没有食物而抱怨。我们在惊叹动物的精明的同时，也会看到自身的不足。

很多糊涂人，处于养尊处优环境中的人，或者侥幸经历过一两次幸运事件的人，总以为食物是充足的，未来是美好的，没有什么可担忧的，于是就在守株待兔中,优哉地蹉跎了岁月。等到要用真功夫时,才发现自己什么本事都没有。相反,有所准备的人,才能安然享受命运的垂青。

2005年西甲赛场上,一位神奇的门将赫然出世,他就是西班牙的卡梅尼。那个赛季,卡梅尼6次扑点球成功,而罚球者都是声名显赫的球员,如托雷斯、罗纳尔多、巴普蒂斯塔和洛佩斯等。

2007年,尽管卡梅尼才20出头,但他已经成了西甲不折不扣的"扑点球大师"。对于扑点球,卡梅尼有着自己独特的理解:"罚点球就像西方的决斗,是两个人之间的决斗。要想战胜对手,你就必须了解对手,了解对手使用什么武器,知道对手会往哪个方向踢,会踢半高球还是低平球。"

当人们惊叹于卡梅尼的扑点球天赋时,他的老师——西班牙的守门员教练恩科马透露说:"做到这一点,卡梅尼付出了极大的努力。卡梅尼每场比赛之前都要观看无数的录像带,尤其是对手罚点球的录像带。在走上球场之前,卡梅尼其实早就知道,对方阵中谁会主罚点球,主罚点球的人是左脚还是右脚,喜欢往左边踢还是往右边踢。"

正因为这样,西班牙足球俱乐部已经宣布,联赛结束后的第一件事,就是给卡梅尼加薪并修改合同,全力保住这名天才门将。

我们听到很多人抱怨"这次升职没有我,那是因为老板偏心"或者"这次下岗轮到我,我怎么那么倒霉"。

如果你问他们:为了这次升职,你做了哪些努力?为了这次不下岗,你弥补了哪些不足?他们就会哑口无言。

平常若不充实学问,临时抱佛脚是来不及的。不要抱怨没有机会,平时没有积蓄足够的常识与能力,即使让你升职,你能胜任吗?不要抱怨上天不公,是英雄总有用武之地,你被淘汰,只能证明你的准备不足。

谁不想自己有一个精彩的未来人生?可是精彩的人生不会自己主动走过来,我们所需要的就是要未雨绸缪,打好基础,为美好的未来做好充足的准备,然后坦然地走向未来。

及时化解抱怨的压力

当我们遇到不快的事情时,不要求全责备,要考虑能否用其他更好的方法解决,从而取得化干戈为玉帛的圆满结果。

当人们处于不快的状态中时,抱怨就会随之出现,而且它还会与怒气联起手来,把人搅得思维混乱。其危害性就如同数学中的平方,这种几何升级常打得人措手不及。但是如果我们能够把这种抱怨进行开方处理,压力也就不会在我们的心里驻足,一切都会变得风平浪静。

一个人因为一件小事和邻居争吵起来,吵得不可开交,谁也不肯让步。最后,那人气呼呼地跑去找牧师抱怨,牧师是当地最有智慧、最公道的人。

"牧师,您来帮我们评评理吧!我那邻居简直不讲理!他竟然……"那个人怒气冲冲,一见到牧师就开始了他的抱怨和指责,正要大肆指责邻居的不对,却被牧师打断了。

牧师说:"对不起,我现在正有事,麻烦你先回去,明天再找我说吧。"第二天一大早,那人又愤愤不平地来了,不过,显然没有昨天那么生气了。

"今天,您一定要帮我评出个是非对错,那个人实在是太不像话了……"他又开始数落邻居的劣行。

牧师不紧不慢地说:"你的怒气还没有消除,等你心平气和后再找我说吧!正好我的事情还没有办好呢。"

一连过了好几天,那个人却没有来找牧师了。碰巧,牧师在前去布道的路上遇到了那个人,他正在农田里忙碌着,心情显然平静了许多。牧师问道:"现在,你还需要我来评理吗?"说完,他微笑地看着对方。

那个人羞愧地笑了笑,说:"我现在已经心平气和了!想来也不是什么大事,根本就不值得抱怨的。"

牧师仍然不紧不慢地说:"这就对了,我之所以不急于和你说这件事,就是想给你时间消消气啊!记住:不要在气头上轻易说话或者行动。"

生活中,我们总是会遇到很多不顺心的事情,很多人总是为了一点小事,不是不停地抱怨,就是针锋相对地指责,最终酿成大的过错。当我们怒火正旺的时候,不妨告诉自己:等三天之后,再想这件事情吧。其实,如果真的等到心平气和的时候,我们会发觉根本就没有什么是值得抱怨的。

进行开方处理,就是不要在怨气与怒气正盛时轻易说话或行动。因为此时是人思维混乱的时候,根本不能理性地看待问题,总是将事情的严重性夸大,往往酿成大的过错。尤其是脾气暴烈的人,更应该慢慢学着控制一下自己的情绪,以化解不快。

在人际关系中,如果遇到别人给自己难堪,我们也可以用机智去化解不快,打破僵局,千万不要让自己陷入困窘压抑之境。

有一次,林肯正在演讲,一个青年递给他一张字条。林肯打开一看,上面只有一个单词:"笨蛋。"林肯脸上掠过一丝不快,但他很快恢复了平静,笑着对大家说:"我收到过许多匿名信全部只有正文,不见写信人的名字。而今天正好相反,刚才这位先生只署上了自己的名字,却忘了写正文。"

林肯面对这样的"羞辱"并没有抱怨,将事情扩大化,而是用幽默的方式将怨气转移。不仅体现了他的智慧、机敏和胸怀,也在暗中"教训"了那个青年。

细观那些成功的人,无不是心胸开阔、襟怀坦荡的人。他们不会因为细微小事而斤斤计较、抱怨、指责、针锋相对、大动肝火,而是凡事抱着达观随和的态度,轻松自如地化解了矛盾。

不据理力争并不是懦弱、忍气吞声,而是体现了一个人的涵养。化干戈为玉帛代表着智慧,也是一种能力的体现。

因此,当我们遇到不快的事情时,要学着放弃抱怨和指责,不要求全责备,要考虑能否用其他更好的方法来解决问题,从而取得化干戈为玉帛的圆满结果。

当我们正在抱怨或生气的时候,不妨告诉自己:过三天之后,再想它吧,或者可以采取其他更为缓和的办法,但一定要记得不针锋相对,自找麻烦。

唤醒你心中的"巨人"

人处于无法忍受的状态时，最最需要的就是激励。然而，一个人最先听到激励声音是来自于自己的心语。古今中外许多杰出的成功者，都善于利用心语来激励自己，唤醒存于内心的灵性。

被称为"几何学巨人"的阿基米德常常用"给我一个支点，我就能撬起整个地球"这样的话来增强自己的自信心。哥白尼为了让人类辨明地球和太阳哪个是真正的中心，经常对自己说："我的理想就在高高的天上。"

挑战厄运的音乐大师贝多芬反复对自己说："我要扼住命运的喉咙，它决不能使我完全失败。""世界不给我欢乐，我就创造欢乐给世界。"

据说爱迪生去世后，人们在他的抽屉里发现了一张纸条，上面写着："我一定成功！"由此可见，这位杰出的成功者，在遇到挫折时，同样也用"心语"来激励自己。

几年前，美国一家知名度很高的杂志，对美国前500家大企业的领导人作了一次调查研究，发现这些人身上的一个共同特点是：他们都重视自我激励。

他们有的把激励自己的话录成磁带，有的抄在小本子上随身携带，有的写在纸上，张贴在自己视野所及的地方。有的每天花上几分钟时间，面对镜子反复朗诵那些令人振奋、令人自信的语句。他们就是这样来激励自己，走向成功的。

人的一生不可能都是掌声、鲜花，谁都会有经受挫折时的悲观，委屈时的苦恼，选择时的彷徨，即使已经获得巨大成功的人也无一例外。人在进退维谷的境地或是心海迷茫的路口最容易消沉，这时一句鼓励和赞美的话，也许就能改变一个人的命运。

据说有位年轻人被判终身监禁，失去了活下去的勇气。在他居然要结束自己生命之前，监狱长找他谈话。

监狱长问他："你在这个世界上最喜欢的人是谁？"

年轻人摇了摇头。监狱长又问："那么你最喜欢的事是什么？"年轻人又摇了摇头。

监狱长接着问："那么在你心里有没有一句最受鼓舞的话？"年轻人仍然摇摇头。

监狱长临走时说："你回去想想，在这20多年里难道没有一句使你受鼓舞的话？等你想出后，再来告诉我。"

年轻人想了很久，总算搜索到半句，那是中学里一位美术老师说的。一次当他将一幅恶作剧的涂鸦习作交给老师时，老师说："你画了些什么？不过色彩还是很漂亮。"年轻人把这半句话告诉了监狱长，监狱长让他每天早晚念念这半句鼓励的话。

从此这半句鼓励的话，唤醒了深藏在他内心的灵性，最后他不但活了下来，还成了一名画家。半句激励的话，能改变一个人，这绝非夸大其词，因为语言本身具有左右潜意识的惊人力量，而潜意识的强大能量，又可以把指令的所有事情变成现实。

对此，德国有个叫德林曼的精神病学专家，通过自身的实践，给世人留下了宝贵的经验。在18世纪，有100多名德国青年先后加入到驾船横渡大西洋的冒险行列，但是这100多位青年均未生还。当时人们普遍认为，独身横渡大西洋是完全不可能的。

这时，林德曼向世人宣布：他将独身横渡大西洋这一死亡之海。理由是，他想用自己做个实验，证明强化信心对人的心理和肌肉会产生什么样的效果。

林德曼独舟出航十几天后，船舱进水，巨浪打断了桅杆。林德曼筋疲力尽，浑身像被撕成碎片一样疼痛，加上长期睡眠不足，开始产生幻觉，肢体渐渐失去感觉，在意识中常常出现死去比活着还舒服的念头。

但他马上对自己说："懦夫，你想死在大海里吗？不，我一定要战胜死亡之海！"在整个航行的日日夜夜里，他不断地对自己说："我能成功，我一定要成功！"这句激励的话成为控制他意识的唯一意念，从而产生无限的潜能。结果怎样呢？被人认为早已葬身鱼腹的他，却奇迹般地到达了大西洋彼岸。

林德曼只身横渡大西洋，给世人留下了很多宝贵的经验，尤其值得记住的是，他发现了以前100多名先驱者遇难的真正原因：既不是船体的翻覆，也不是生理能力到了极限，而是由精神上的绝望导致的勇气和信心的消失。

勇敢地接受自己的命运

忘记那些命运的不公，不要一味地去抱怨上帝的标准失衡。苏格拉底说："谁不能主宰自己，谁就永远是一个奴隶。"

1899年7月21日，欧内斯特·海明威出生在世界五大湖之一的密歇根湖南岸一个叫橡树园的小镇。家里一共有6个孩子，海明威是第二个。他母亲很有修养，热爱音乐。父亲是一位杰出的医生，又是个钓鱼和打猎的能手。海明威3岁时，父亲给他的生日礼物是一根渔竿；10岁时，父亲送给他一支一人高的猎枪。父亲的影响使海明威终生充满了对捕鱼和狩猎的热爱。

14岁时，海明威在父亲的支持下报名学习拳击。第一次训练，他的对手是个职业拳击手，海明威被打得满脸鲜血，躺倒在地。可是第二天，海明威裹着纱布又来了，并且纵身跳上了拳击场。20个月之后，海明威在一次训练中被击中头部，伤了左眼。从那之后，这只眼的视力再也没有恢复。

毕业以后，海明威不愿意上大学，渴望赴欧参战，但由于视力的缘故未被批准。于是，他离家来到堪萨斯城，在《堪萨斯报》做了见习记者。在这里海明威学到了最初的技巧。

《明星报》对于文字有110条不得违反的规定：要用短句，用活的语言，用动词、删去形容词，能用一个字表达的不用两个字，等等。海明威专心致志，很快便掌握了写作的技巧，并形成了自己的文字风格。

1918年5月，海明威如愿以偿，加入了美国红十字战地服务队，来到第一次世界大战的意大利战场。同年7月初的一天夜里，海明威的头部、胸部、上肢、下肢都被炸成重伤，人们把他送到野战医院。海明威的一个膝盖被打碎了，身上中的炮弹片和机枪弹头达230余块。

海明威一共做了13次手术，换上了一块白金做的膝盖骨，但仍有一些弹片没有取出来。他在医院里躺了3个多月，接受了意大利政府颁发的十字军功勋章和勇敢勋章,这时他刚满19岁。

大战后海明威回到美国,战争除了给他的精神和身体带来痛苦外,没有带来任何值得高兴的事。旧的希望破灭了,新的又没有建立,前途渺茫,思想空虚。

尽管这样,海明威依旧勤奋写作。1919年夏秋,他写了12部短篇小说,寄给报社却被全部退了回来。

母亲警告他:要么找一份固定的工作,要么搬出去。海明威从家里搬了出去,因为什么也改变不了他献身于文学事业的决心。他只想做第一流的、最出色的作家。

1920年的整个冬天,海明威独自坐在打字机前,一天到晚写作。有一次参加朋友的聚会,海明威结识了一位叫哈德莉的红发女郎。她比海明威大8岁,当她成了海明威的第一任妻子时,海明威22岁。

1922年冬天,海明威赴洛桑参加和平会议时,哈德莉在火车站把他的手提箱丢失了。手提箱里装着他的全部手稿,那是1部长篇小说、18部短篇小说和30首诗。这使海明威痛苦万分,却又毫无办法,只能重新开始。

1923年,海明威的第一部著作《三部短篇和十首诗》在法国的一个非正式出版社出版。总共只印了300册,在社会上毫无影响。

作为记者,海明威很受欢迎,但他呕心沥血写成的小说,却没有报刊肯用。尤其令他伤心的是,退稿信上总是称他的作品为"速写录""短文",甚至说是"逸事",根本不把他的稿件看成文学创作。1924年,海明威辞去记者工作,专门从事文学创作。他没有固定的收入,却还得养活妻子和刚出生的儿子,生活的艰难可想而知。

1925年是海明威最为穷困潦倒的一年,妻子已经带着儿子离开了他。他除了通宵达旦地写作,只能把看斗牛比赛当做娱乐。

第二年,海明威与波林结婚后不久,他的第一部长篇小说《太阳升起来了》问世,立即博得了一片喝彩声,并被译成多种文字,成了20世纪20年代的典范之作。

这部小说运用美国女作家斯泰因的一句话"你们都是迷惘的一代"作为题词，从而产生了一个文学流派——"迷惘的一代"，而海明威则成了这个流派的代表。

人生最大的成功就是对生命的追求。成功之后，你可以体会成功的快乐，你可以体验追求的幸福。其实生命就是一个过程，生命的意义就在于追求，要学会咀嚼生命中的每一分钟，不要因抱怨而浪费自己的生命，要努力完整而不断地追求自己所追求的。

忘记那些命运的不公，不要一味地去抱怨上帝的标准失衡。生命的长短并不重要，重要的是生命中所获得的；坚持你自己所要达到的，不论贫苦或战争，就像海明威一样，为自己的理想付出短暂而有意义的一生。